自然
百科

土 壤

自然百科编委会　编著

中国大百科全书出版社

图书在版编目（CIP）数据

土壤 / 自然百科编委会编著 . -- 北京 : 中国大百科全书出版社，2025. 1. --（自然百科）. -- ISBN 978-7-5202-1841-2

Ⅰ . S15-49

中国国家版本馆 CIP 数据核字第 2025PB7350 号

总 策 划：刘 杭 郭继艳
策划编辑：张会芳
责任编辑：李秀坤
责任校对：闵 娇
责任印制：王亚青
出版发行：中国大百科全书出版社有限公司
地 址：北京市西城区阜成门北大街 17 号
邮政编码：100037
电 话：010-88390811
网 址：http://www.ecph.com.cn
印 刷：唐山富达印务有限公司
开 本：710mm×1000mm 1/16
印 张：10
字 数：100 千字
版 次：2025 年 1 月第 1 版
印 次：2025 年 1 月第 1 次印刷
书 号：ISBN 978-7-5202-1841-2
定 价：48.00 元

总　序

这是一套面向大众、根植于《中国大百科全书》第三版（以下简称百科三版）的百科通俗读物。

百科全书是概要记述人类一切门类知识或某一门类知识的完备的工具书。它的主要作用是供人们随时查检需要的知识和事实资料，还具有扩大读者知识视野和帮助人们系统求知的教育作用，常被誉为"没有围墙的大学"。简而言之，它是回答问题的书，是扩展知识的书。

中国大百科全书出版社从 1978 年起，陆续编纂出版了《中国大百科全书》第一版、第二版和第三版。这是我国科学文化建设的一项重要基础性、标志性、创新性工程，是在百年未有之大变局和中华民族伟大复兴全局的大背景下，提升我国文化软实力、提高中华文化国际影响力的一项重要举措，具有重大的现实意义和深远的历史意义。

百科三版的编纂工作经国务院立项，得到国家各有关部门、全国科学文化研究机构、学术团体、高等院校的大力支持，专家、学者 5 万余人参与编纂，代表了各学科最高的专业水平。专家、作者和编辑人员殚精竭虑，按照习近平总书记的要求，努力将百科三版建设成有中国特色、有国际影响力的权威知识宝库。截至 2023 年底，百科三版通过网站（www.zgbk.com）发布了 50 余万个网络版条目，并陆续出版了一批纸质版学科卷百科全书，将中国的百科全书事业推向了一个新的高度。

重文修武，耕读传家，是我们中国人悠久的文化传承。作为出版人，我们以传播科学文化知识为己任，希望通过出版更多优秀的出版物来落实总书记的要求——推动文化繁荣、建设中华民族现代文明，努力建设中国式现代化强国。

为了更好地向大众普及科学文化知识，我们从《中国大百科全书》第三版中选取一些条目，通过"人居环境""科学通识""地球知识""工艺美术""动物百科""植物百科""渔猎文明""交通百科"等主题结集成册，精心策划了这套大众版图书。其中每一个主题包含不同数量的分册，不仅保持条目的科学性、知识性、准确性、严谨性，而且具备趣味性、可读性，语言风格和内容深度上更适合非专业读者，希望读者在领略丰富多彩的各领域知识之时，也能了解到书中展示的科学的知识体系。

衷心希望广大读者喜爱这套丛书，并敬请对书中不足之处给予批评指正！

《中国大百科全书》编辑部

"自然百科"丛书序

在浩瀚的宇宙中，我们人类不过是一粒微尘，然而正是这粒微尘却拥有探索宇宙、理解自然、感悟生命的渴望。"自然百科"丛书旨在成为连接人类与自然万物的桥梁，通过《恒星》《太阳系》《山》《岩石》《矿物》《荒漠》《土壤》《湖》八个分册，带领读者踏上一段从宇宙深处到地球家园的多彩旅程。

《恒星》分册，我们从恒星形成讲起，它们不仅是夜空中闪烁的光点，更是宇宙历史的见证者。人类对恒星的观察和研究，不仅推动了天文学的发展，也让我们对宇宙有了更深的认识。

《太阳系》分册，我们将目光转向我们所在的太阳系，从太阳的炽热核心到遥远的柯伊伯带，探索八大行星的奥秘，以及那些无数的小天体。太阳系的研究，让我们对宇宙有了更深的理解，也让我们意识到在宇宙中，我们并不孤单。

《山》分册，我们回到地球，探索那些巍峨的山峰。它们塑造了地形，影响了气候，孕育了生物多样性。山与人类文明的发展紧密相连，无论是作为屏障还是通道，它们都是人类历史的重要组成部分。

《岩石》分册，我们深入地壳，了解构成地球的基石——岩石。岩石的种类、形成过程及它们在地质学中的作用，都是我们理解地球历史的关键。岩石是地球历史的记录者，它们见证了地球的变迁和生命的演化。

《矿物》分册，我们进一步探索岩石中的宝藏——矿物。矿物不仅是工业的原材料，也是自然界的艺术品。它们的独特性质和美丽形态，激发了人类对自然美的欣赏和对科学探索的热情。

《荒漠》分册，我们转向那些看似荒凉的荒漠。荒漠并非生命的禁区，而是适应极端环境生物的家园。荒漠的研究，让我们认识到地球生命的顽强和多样性，也提醒我们保护环境的重要性。

《土壤》分册，我们深入地球的皮肤——土壤。土壤能不断地供给植物所需的水分和养分，是农业生产的基本资料，是人类生存不可或缺的自然资源。对土壤的研究，让我们认识到土壤健康以及保护土壤的重要性。

《湖》分册，我们聚焦于那些静谧的湖泊。湖泊不仅是水资源的宝库，也是生态系统的重要组成部分。湖泊的研究以及它们对人类社会的影响，是我们理解地球水循环和保护水资源的关键。

"自然百科"丛书不仅是知识的汇集，也是启发思考的源泉。它帮助我们认识到，从宇宙到地球，每一个自然事物都与我们息息相关。通过这些知识，我们可以更好地理解我们所处的世界，更加珍惜和保护我们的自然环境。让我们翻开这些书页，一起探索、学习、感悟，与自然和谐共生。

自然百科丛书编委会

目　录

第 4 章 土壤管理 133

第 1 章

土壤形态

土壤形态是包括颜色、质地、结构、孔隙、紧实度、新生体、侵入体、构造和厚度等的土壤外部特征。土壤形态是土壤发生发展历史的集中反映，也是认识土壤形成和演化历史的关键。因此，土壤形态特征是研究土壤发生和诊断土壤性质的基础，是划分土壤层次和确定土壤分类的重要依据，也是野外土壤描述的主要内容。

◆ 分类

土壤形态可按形态单元的大小，分为大形态、中形态、微形态三类。土壤大形态指大尺度的土被形态、剖面形态、土层形态，以及能为肉眼或放大镜分辨的任何土壤物质组成形态。如土壤结构及其空间几何学垒结状况，各种新生体、侵入体、生物体（植物根系和土壤动物）及其生命活动痕迹等。大形态是在野外进行土壤调查和土壤分类研究的重要内容。

土壤中 0.1 ～ 5 毫米大小的形态单元，可借助双筒体视显微镜进行观察。较大的土壤单粒、土壤微团聚体，较小的土壤形成物（新生体）等均属之。中形态常是大形态的细部显示，或是微形态的粗貌轮廓，有时并不独立存在。

土壤微形态为借助偏光显微镜所能观察到的土壤微观形态。研究土壤微固相部分的物质组成（包括本体的、新生的、原生的、次生的、矿质的、有机的、死的、活的）及其形状、大小、数量比例、相关分布形式、微垒结孔隙的外形、大小和伸延状况等。随着土壤科学的发展和应用要求的提高，土壤形态研究越来越注重大、中、微形态研究相结合，尤其重视土壤形成环境及成土过程与土壤形态、土壤物质成分和结构的相互关系。

◆ 要素

土壤形态要素包括土壤剖面性态和土层形态。

土壤剖面性态

土壤剖面的形态特征及土壤性质的外在表现。是土壤形成过程的结果和具体表现，重点研究、描述和记载土壤剖面中土层（包括母质层和岩基）的种类、出现深度（厚度）、排列和层次间的过渡关系等。

土层形态

各土层内部的形态学特征，是研究土壤剖面性态的基础，通常要观察（包括速测）、描述各土层的土壤颜色、质地、结构、结持性、孔隙状况、酸碱性、植物根系、土壤动物活动状况、新生体、侵入体等以及母质、母岩在成土过程中的变化。

◆ 土壤颜色

土壤表面不吸收或吸收较少的反射色光。反映土壤的内在物质组成及其变异，是重要的土壤形态特征。在初期的土壤调查中，土壤颜色的描述多采用目视描述法。由于观测结果因人而异，特别是大量任意使用非规范性术语形容颜色，使土壤颜色描述产生混乱。国际上普遍采用基于芒塞尔颜色系统制作的比色卡来测定和描述土壤颜色。芒塞尔颜色的完整表示方法为颜色名称＋芒塞尔颜色标志，如亮红棕（5YR 5/6）。颜色名称指形容颜色的标准术语，在比色卡中由与色调页对应的颜色名称查得。芒塞尔颜色标记包括色调（hue）、亮度（value）和彩度（chroma）。色调反映土壤所呈现的基本颜色特征，共有10个基本色调，即R（红）、Y（黄）、G（绿）、B（蓝）、P（紫）、YR（黄红）、GY（绿黄）、BG（蓝绿）、PB（紫蓝）、RP（红紫）；每种色调分为10等份，在土壤色卡中以2.5等分作为一个基本单位。色调级别的表示以等分数字在前，符号在后，如2.5YR、5YR、7.5YR等；YR色调的0等分处（0YR），即其邻近红色色调（R）的10R，而10YR则是其另一侧黄色色调（Y）的0Y。明度指土壤颜色的相对明亮度，以无彩色（N）为基准，绝对黑为0，绝对白为10，由0至10逐渐变为明亮。彩度指土壤呈现颜色的鲜艳程度，与颜色的相对纯度或饱和度有关。在土色卡中由0至8随彩度的增加，颜色的鲜艳程度也增加。芒塞尔颜色标记的排列顺序是色调—明度—彩度。例如，查得某土壤的色调为5YR，明度为5，彩度为6，则其颜色标志为5YR 5/6，书写时在色调值后空一印刷字符，接写明度，在明度与彩度之间用斜线分隔号分开。在描述土壤颜色时，要对土壤干态和润态的颜色分别观测记录，如红棕（5YR 4/6，干）、浊红棕（5YR 4/4，润）。

◆ **质地**

质地指细土部分颗粒大小级别。在土壤调查中，以前多采用苏联卡庆斯基制（＜1毫米细土）。现通常使用美国农部制或国际制（＜2毫米细土）。精确的土壤质地需要根据机械分析测定结果确定，而在野外通常通过手指捻摸湿润土壤的感觉来做近似判断（简易质地判定法），最常用的是 C.W. 肖提出的快速判定方法，可区分出砂土、沙壤土、壤土、粉壤土、黏壤土和黏土六个级别。具体判断标准：① 砂土。松散的单粒状颗粒，能够见到或感觉到单个砂粒。干时抓在手中稍一松开后即散落；润时可成团但一碰即散。②沙壤土。干时手握成团，但极易散落；润时握成团后，用手小心拿起不会散开。③壤土。松软并有砂粒感，平滑，稍黏着。干时手握成团，用手小心拿起不会散开；润时握成团后一般性触动不至于散开。④粉壤土。干时成块，但易被弄碎，粉碎后松软，有粉质感；润时成团为塑性胶泥。干、润时所呈团块均可随便拿起而不散开，湿时以拇指与食指搓捻不成条（呈断裂状）。⑤黏壤土。破碎后呈块状。土块干时坚硬；湿土可用拇指和食指搓捻成条，但往往经受不住它本身的重量；润时可塑，手握成团，手拿起时更加不易散裂，反而变成坚实的土团。⑥黏土。干时常为坚硬的土块，润时极可塑。通常有黏着性，手指间搓可成长的可塑土条。

◆ **土壤结构**

土壤结构是土壤颗粒按照不同的排列方式堆积、复合而形成的土壤团聚体。根据土壤颗粒的排列与组合形态不同，土壤调查中通常将土壤结构分为无结构（单粒）、粒状、团块状、片状、棱块状、棱柱状、柱状、楔状结构等，并进一步按其大小进行细分。在描述土壤结构时，除结构类型和大小外，通常还需描述结构的发育程度，发育强的结构没有或基本没有母质特性，而发育弱的结构仍保留大部分母质特性。

◆ **土壤结持性**

包含土壤结构体的软硬、松紧、黏着性和可塑性等。土壤结持性的野外判别标准有：①干时结持性。指风干土壤在手中挤压时破碎的难易程度。②松散。土壤物质相互间无黏着性。③松软。在大拇指与食指间，在极轻微压力下即可破碎。④稍坚硬。土壤物质有一定的抗压性，在拇指与食指间较易被压碎。⑤坚硬。土壤物质的抗压性中等，在拇指与食指间极难被压碎，但以全手挤压时可以破碎。⑥很坚硬。土壤物质的抗压性极强，只有全手使劲挤压时才可破碎。⑦极坚硬。在手中无法被压碎。

土壤坚实性指当土壤含水量介于风干土与田间持水量之间时，土壤物质在手中挤压时破碎的难易程度。①松散。土壤物质相互无黏着性。②极疏松。在大拇指与食指间，在极轻微压力下即可破碎。③疏松。在大拇指与食指间稍加压力即可破碎。④稍坚实－坚实。在大拇指与食指间加以中等压力即可破碎。⑤很坚实。在大拇指与食指间极难被压碎，但全手紧压时可以破碎。⑥极坚实。以大拇指与食指无法压碎，全手紧压时也较难破碎。

土壤黏着性用野外以土壤在拇指和食指间的最大黏着程度表示。水分含量以满足土壤获得最大黏着性为准。①无黏着。两指相互挤压后，实际上无土壤物质依附在手指上。②稍黏着。两指相互挤压后，仅有一指上附着土壤物质。两指分开时土壤无拉长现象。③黏着。两指相互挤压后，土壤物质在两指间均有附着，两指分开时有一定的拉长现象。④极黏着。两指挤压分开时，土壤物质在两指上的附着力极强，在两指间拉长性最强。

土壤可塑性指土壤物质加水湿润后，在于中搓成直径为 3 毫米的圆条，然后持续搓细，直至断裂为止。①无塑：不形成圆条。②稍塑：可搓成圆条，但稍加外力极易断裂。③中塑：可搓成圆条，稍加外力，较易断裂。④强塑：可搓成圆条，稍加外力，不易断裂。

◆ 孔隙状况

包括土壤中所有的孔隙。按形态可分为气泡状孔隙、孔洞、根孔、动物穴、裂隙（水平的和垂直的）等；按大小可分为极小、小、中、大和极大；按数量可分为无、很少、少、中、多；按孔隙度可分为极低、低、中、高、很高。在大小、数量和孔隙度的划分标准上尚无统一规定。

◆ 植物根系

描述根系的粗细、数量和分布深度。

◆ 动物活动状况

除记载动物穴的大小、数量和分布深度外，还需观察蚯蚓、节肢动物等数量和分布，以及土壤动物排泄物的数量和分布。

◆ 新生体

指土壤发育过程中物质淋溶淀积和集聚的生成物。反映成土过程和土壤发生学性质的特点和强度。土壤中的新生体多种多样，形成环境和形成机制各不相同。化学起源的新生体包括易溶性盐类、石膏、碳酸钙、二氧化硅、铁锰氧化物、腐殖质；生物起源的新生体包括粪粒、蠕虫穴、鼠穴斑、根孔。对各类土壤新生体均要分别记载其数量（丰度）、形状、大小、分布特点等；对于斑纹，还要记载其与土壤基质颜色的对比度，可分为微弱、明显和显著等级别。

◆ 侵入体

人为活动或自然搬运带入的物质，如贝壳、动物骨骼与矿物组成不同的石砾、煤渣、砖块、瓦片、瓷片等。侵入体有助于了解人为活动对土壤的影响、母质来源和土壤受扰程度。

◆ 土壤反应

包括石灰反应（泡沫反应）、亚铁反应、氟化钠反应和碱化反应。石灰反应（泡沫反应）是针对石灰性土壤中的碳酸盐，用 10% 稀盐酸滴定；亚铁反应是用于野外鉴定还原性土壤中的 Fe^{2+}，加入 α-α' 联吡啶或邻菲罗啉，形成红色配合物；加入铁氰化钾（赤血盐），形成蓝色沉淀物。氟化钠反应是用 1 摩 / 升氟化钠（pH=7.5）试剂滴加土壤，羟基释放使溶液 pH 上升，用于野外鉴定无定形物质（水铝英石、氧化铁、硅），并作为鉴定灰化淀积层的辅助指标。碱化反应用于判别碱积层，用酚酞指示剂测定。

第 2 章

土壤发生层

土壤发生层是土壤剖面中在发生上有相互联系的土壤层次。大致平行于地表，与残留在土壤剖面中的母质层有本质差异，是母质在形成过程中发生形态变化的产物，且具有一定的功能性质，即由成土作用形成的平行于地表、具有发生学特征的土层。

作为一个土壤发生层，至少应能被肉眼识别其与相邻土壤发生层的差别。识别土壤发生层的形态特征一般包括颜色、质地、结构、新生体和紧实度等。许多土壤剖面间是逐渐过渡的。土壤层次之间的过渡特点、界线形状及其清晰度反映母质的连续性和土壤发育程度。

◆ 形成

土壤发生层不同于成土母质。成土母质原本是相对均一的，没有明显的层次分化（地质沉积层理除外）。在气候、生物、地形等成土因素（包括人为因素）作用下，成土母质内部与外界环境发生着一系列物质和能量的交换，导致成土物质发生迁移、转化和累积等过程。作为土壤形成的物质基础的母质，原有物质颗粒大小、矿物学组成、理化性状和生物学性质等便发生实质性的改变，使土体逐渐发生了分异，形成了外部形态特征各异的层次，即土壤发生层。

◆ 成土过程

土壤发生层与一定的成土过程相联系。腐殖质化过程广泛分布于自然界，故各种土壤剖面上部大都具有暗色的腐殖质层。淋溶和淀积过程对土壤剖面的分化具有重要意义，在寒带或寒温带针叶林植被下有机酸参与的强淋溶过程（灰化过程）形成强酸性的灰白色土层——淋溶层；热带、亚热带气候条件下，伴随强烈风化作用的土壤淋溶过程，形成富含铁铝氧化物的土层；干旱与半干旱环境中土壤可溶性盐分不同强度的淋失与积聚过程，形成盐土层、钙积层和石膏层等。此外，由黏粒淋溶淀积过程形成黏化层；因土壤氧化还原过程形成潜育层；与土壤碱化过程相联系的土壤发生层是碱化层等。在自然界中，一种类型的土壤往往同时存在几个成土过程，不同类型的土壤则具有不同的成土过程组合，因此便有不同的土壤发生层组合。如暖温带湿润地区阔叶林下形成的土壤，往往同时具有腐殖质化过程和黏化过程两个主要成土过程，其剖面主要由腐殖质层、黏化层和母质层构成；温带半干旱地区草原植被下形成的土壤，具有明显的腐殖质累积过程和钙化过程，其剖面主要由腐殖质层、钙积层和母质层构成。

◆ 命名

根据各种土壤发生层的发生学特征，可给予它们具有发生学含义的命名。19世纪末，俄国土壤学家V.V.道库恰耶夫最早把土壤剖面分为腐殖质聚积表层（A）、过渡层（B）和母质层（C）三个发生层。随着土壤知识的积累和土壤调查日益广泛，查明土壤层次多种多样。A、B、C 的层次概念已经不能满足土壤调查的实际需要。后来研究者提出了多种命名建议，土层的划分也越来越细。但基本土层命名仍未脱离道库恰耶夫的 ABC 传统命名法。自从 1967 年国际土壤学会（今国际土壤科学联合会）提出把土壤剖面划分为：有机层（O）、腐殖质层（A）、淋溶层（E）、淀积层（B）、母质层（C）和母岩（R）六个主要发生层以来，经过一个时期应用，在中国土壤系统分类中，将主要土壤发生层分为 O 层（有机层，包括枯枝落叶层、草根密集盘结层和泥炭层）、A 层（腐殖质表层或受耕作影响表层）、E 层（淋溶层、漂白层）、B 层（物质淀积层或聚积层，或风化 B 层）、C 层（母质层）和 R 层（基岩）。在土壤调查和研究中也趋向于采用 O、A、E、B、C、R 土层命名法。

由任何一种基本成土过程或几种基本成土过程组合所形成的土壤发生层，都与其上下土层有着发生学上的联系。如由黏化过程形成的黏粒淀积层（黏化层），其上部必然存在一个黏粒迁出的层次；在强淋溶作用下，亚表层土壤中因铁、铝向下移动，二氧化硅相对富集形成的淋溶层（E 层）之下，必然产生一个铁、铝相对增加的灰化淀积层（B 层）。

◆ 应用

土壤发生层反映土壤发育程度和成土年龄。土壤发生层分化愈明显，即上下土层之间差异愈大，表示土体的非均一性愈明显，土壤的发育度越高；反之，土壤的发育程度则较弱。通常认为，层次分化微弱或不明显的土壤成土时间相对较短，称为幼年土壤；而把层次分化明显的土壤，特别是具有典型淀积层（B 层）土壤称为成熟土壤，其成土年龄相对较长。不同的土壤发生层的组合构成了各种各样的土体构型，每种土体构型都是由特定的、有内在联系的发生土层所形成。因此，土壤发生层次种类及其发育程度、土体构型通常被用作划分土壤类型的主要依据，也是判断土壤肥力高低的重要因素。

第 3 章

土壤类型

砖红壤

砖红壤是强酸性、高铁铝氧化物的暗红色土壤。通常在热带高温高湿、强度淋溶条件下由富铁铝化作用形成。砖红壤在中国土壤系统分类（1998）中，被列为湿热铁铝土亚纲、铁铝土土纲；在中国土壤系统分类（2001）中，被归属在湿润铁铝土、湿润富铁土或湿润雏形土；在美国土壤系统分类（1999）中，大致相当于湿润氧化土、湿润老成土或湿润始成土；在联合国世界土壤资源参比基础（WRB，2014）中，大致相当于铁铝土、低活性强酸土、雏形土等。

◆ 分布

砖红壤在中国主要分布在北纬22°以南的热带北缘地区，包括海南、广东雷州半岛以及桂、滇和台湾地区部分南部地区。

◆ 形成条件

热带季风气候，热量

砖红壤景观

丰富，降水集中，干湿季节明显。年平均气温 21 ～ 26℃，≥ 10℃ 年积温 7500 ～ 9000℃·日，年降水量 1400 ～ 3000 毫升，降水量 80% 以上集中在 4 ～ 10 月，年蒸发量 1800 ～ 2000 毫升。原生植被为热带雨林、季雨林，植物种类繁多，乔灌草立体群落结构复杂。由于人类砍伐，现以次生林和人工植被为主，人工栽培植物有橡胶、椰子、油棕、腰果、可可、咖啡、胡椒、剑麻、香茅、香根草等。地形主要为缓坡丘陵、台地、古浅海沉积物阶地；成土母质主要有玄武岩、花岗岩、砂页岩、浅海沉积物等。

◆ 成土过程

脱硅富铝化过程

在热带气候条件下，土壤中的原生矿物强烈风化，硅酸盐类矿物分解比较彻底，硅和盐基大量淋失，铁、铝氧化物明显聚集，黏粒和次生矿物不断形成。硅的平均迁移量达 60% 以上，钙、钾、钠均在 90% ～ 95% 以上，镁平均约为 80%。铁、铝氧化物相对高度富集，富集系数分别约为 3 和 2。

腐殖质积累过程

在热带气候条件下，植物生长繁茂，大量凋落物参与土壤物质循环，生物与土壤间物质交换强烈，土壤的"生物自肥"作用十分强烈。据中国云南定位观察资料，雨林凋落物量平均每年为 11.55 吨 / 公顷，次生林为 10.2 吨 / 公顷。因土壤微生物和土壤动物种群丰富，凋落物也易于迅速分解矿化，土壤腐殖质层的厚度及有机质含量随植被类型、覆盖度的变化有很大差异，腐殖质品质差，分子结构简单、活性大。

◆ **基本性状**

砖红壤的基本性状有：①土体深厚，剖面层次分异清晰，具有腐殖质层、淀积层、母质层，在植被覆盖良好的情况下，地表有枯枝落叶层。腐殖质层呈暗红棕或暗棕色，屑粒状或碎块状结构；淀积层呈红色或红棕色，块状结构，伴有管状、弹丸状或蜂窝状铁质结核，甚至有铁子层或铁磐层。②质地黏重，不同母质发育砖红壤，质地差异大。玄武岩风化物发育的最黏，黏粒含量高达 60% 以上，质地为黏土；浅海沉积物母质发育的黏粒含量在 25% 左右，为砂质黏壤土。③土壤呈强酸性。淀积层土壤 pH 为 4.6～5.4，交换性酸总量 2.5 厘摩（+）/千克，交换性铝占 95% 以上，盐基高度不饱和，多在 20% 左右。④有机质和养分含量低，有机质矿化作用强，在植被遭到破坏或土壤垦殖后，表层土壤有机质和氮含量不高，磷、钾含量低，普遍缺硼、钼。⑤黏粒矿物以高岭石、三水铝石为主，还含有铁氧化物（赤铁矿、针铁矿、少量纤铁矿）和少量石英。

◆ **主要亚类**

砖红壤根据属性的变化划分为砖红壤和黄色砖红壤两个亚类。①砖红壤。主要分布在中国海南、广东、广西和云南等省、自治区，土体呈红色或红棕色，铁氧化物以赤铁矿为主。②黄色砖红壤。所在地区年降水量一般比砖红壤区高 500 毫米左右，相对湿度大，使高度富铝化的砖红壤发生黄化（水化）现象，铁氧化物以针铁矿为主，淀积层土体呈黄色或黄棕色、黄橙色。

◆ **利用改良**

砖红壤区域是中国橡胶生产基地，使中国成为世界天然橡胶主要生产国之一；也是热带经济作物和果木、热带速生或珍稀用材林种植基地。在开发利用上有以下改良措施：①因地制宜，丘陵、低山上部种植林果，低平地种植热带作物，在水利条件较好区域，实行农林牧全面发展，建立多层次的立体农业。②防止水土流失，增强抗旱保水能力。在地形部位较高、坡度较大的地段，保护好现有植被；推广等高种植、修筑梯田，搞好水土保持工程，防止水土流失。③针对酸性强、养分缺乏的情况，增施有机肥、广种绿肥、秸秆还田；培肥土壤，合理增施磷、钾、钼肥等培肥土壤；适量施用石灰改良酸性。

赤红壤

赤红壤是南亚热带高温高湿条件下，土壤富铁铝化作用介于砖红壤与红壤之间的酸性至强酸性的红色土壤，曾称砖红壤性红壤。在中国土壤分类系统（1998）中，被列为湿热铁铝土亚纲、铁铝土土纲；在中国土壤系统分类（2001）中，为湿润铁铝土、湿润富铁土、湿润淋溶土或湿润雏形土；在美国土壤系统分类（1999）中，大致相当于湿润老成土、湿润淋溶土或湿润始成土；在联合国世界土壤资源参比基础（WRB，2014）中，大致相当于低活性强酸土、低活性淋溶土、聚铁网纹土或雏形土等。

◆ **分布**

在中国主要分布于北纬22º ～ 25º的狭长地带，主要包括粤西和东南、桂南和西南、闽南、滇西南、琼中西部及台湾地区南部。

◆ **成土条件**

南亚热带湿润季风性气候，年平均气温 19～22℃，≥10℃ 年积温 6500～8450℃·日；年降水量 1000～2600 毫米，年蒸发量 1376～2000 毫米，无霜期 350 天。原生植被为南亚热带季雨林，既有热带雨林成分，又有亚热带植物种属，种类繁多，结构复杂，林型多具层状性，林冠参差，仍可见热带林的板根和茎花现象，以及较多绞杀植物和附生植物。地形多为低山、丘陵，

赤红壤景观

成土母质主要有花岗岩、玄武岩、流纹岩、砂岩、页岩、石灰岩风化物和第四纪红黏土等。

◆ **成土过程**

赤红壤的成土过程有：①脱硅富铝化过程。赤红壤脱硅富铝化作用较强，强度介于砖红壤与红壤之间。二氧化硅、氧化钙、氧化镁、氧化钠、氧化钾迁移量分布达 40%～75%、56%～100%、30%～97%、60%～98%、46%～97%，风化淋溶系数多在 0.05～0.15。铁、铝、钛氧化物在土体内相对富集，富集系数（土壤／母岩）分别为 1.06～8.60、1.42～1.99 和 1.17～2.27。在脱硅富铝化过程中，硅酸盐类矿物强烈分解，黏粒及次生黏土矿不断形成，黏粒矿物组成均以结晶良好的高岭

石为主，伴有较多的铁矿物（主要是针铁矿）、少量水云母及极少量三水铝石。②腐殖质积累过程。南亚热带（赤红壤地带）次生阔叶林及针叶林下，每年凋落物叮达 8.25～10.5 吨/公顷，在较好常绿阔叶林下，土壤有机质含量高达 40 克/千克，而次生马尾松林下多在 30～40 克/千克。但在植被遭受破坏后，土壤有机质很快下降到 15 克/千克以下，侵蚀严重者甚至小于 5 克/千克。

◆ **基本性状**

赤红壤的基本形状主要是：①剖面层次分异明显，具有腐殖质层、淀积层或风化 B 层、母质层，植被覆盖良好的情况下地表有一层枯枝落叶层。腐殖质层呈棕色至棕红色，屑粒状和碎块状结构；淀积层呈棕红至红棕色，块状和棱块状结构，铁铝氧化物淀积明显，部分可见铁锰结核。②土壤质地多为壤质－黏质，与成土母质密切相关。③土壤呈酸性。pH 为 4.5～5.5，交换性铝占交换性酸的 60%～95%。④有机质含量低，矿质养分较贫乏。⑤阳离子交换量较低，保肥性能较差。

◆ **主要亚类**

根据发育属性，划分为赤红壤、黄色赤红壤和赤红壤性土三个亚类。①赤红壤。在中国主要分布在粤、桂、闽南部沿海低丘台地、滇南云贵高原边缘深切河谷，以及台湾地区南部、琼中部和西南部中低山带，川西南河谷地带呈岛状分布。②黄色赤红壤。主要分布在滇东海拔 1300 米以下和西南部 1500 米以下中低山区，粤南海拔 300～450 米低山丘陵以及海南西南和中部海拔 400～700 米的低山丘陵区。③赤红壤性土，发育弱，多见于低山丘陵顶部及陡坡地段，土体较薄。

◆ **利用改良**

具有较为优越的生物气候条件，生产潜力极大。在开发利用上，宜重点发展热带、亚热带优质水果生产基地。在土壤改良上，应重点解决土壤瘦瘠酸和季节性干旱问题。在坡度较陡地区，应采取封山育林种草，结合工程措施，防止水土流失。在坡度平缓、土体深厚的地段，可在修筑水平梯田、种植物篱或实行等高种植的基础上，发展热带、亚热带水果及经济作物。

红 壤

红壤是中亚热带高温高湿条件下，由中度富铁铝化风化作用形成的酸性至强酸性、含一定铁铝氧化物的红色土壤。红壤在中国土壤分类系统（1998）中，被列为湿热铁铝土亚纲、铁铝土土纲；在中国土壤系统分类（2001）中，被列为富铝湿润富铁土、黏化湿润富铁土、铝质湿润淋溶土或铝质湿润雏形土；在美国土壤系统分类（1999）中，大致相当于湿润老成土、湿润淋溶土或湿润始成土；在联合国世界土壤资源参比基础（WRB，2014）中，大致相当于低活性强酸土、低活性淋溶土、聚铁网纹土或雏形土等。

◆ **分布**

在中国主要分布于长江以南广阔的低山丘陵区，其范围大致在北纬24°～32°。东起东海诸岛，西达云贵高原及横断山脉，包括赣、湘、闽、浙等省的大部分，粤、桂、滇等省、自治区的北部，以及苏、皖、鄂、黔、川、藏等省、自治区的南部，涉及 13 个省、自治区。其中赣、湘两省分布最广。

◆ **形成条件**

红壤景观

中亚热带湿润季风性气候，气候温暖，雨量充沛，年降水量为1200毫米左右，大多集中于上半年，7～8月有干旱，干湿季明显。年平均气温为 15 ～ 22℃，大于等于 10℃ 年积温 4500 ～ 6500℃·日，无霜期 240 ～ 300 天。原生植被为亚热带常绿阔叶林，主要由壳斗科、樟科、茶科、冬青科、山茶科、木兰科等构成，一些地区为马尾松、杉木和云南松等组成的次生林。湘、赣、黔东南有成片人工油茶林分布。地形多为低山丘陵，也有中山和高原地形。成土母质主要有花岗岩、流纹岩、砂页岩、石灰岩的风化物和第四纪红色黏土等。

◆ **成土过程**

红壤成土主要有两种过程：①脱硅富铝化过程。土体中硅酸盐矿物受强烈分解，硅和盐基不断淋失，而铁、铝氧化物明显聚集，黏粒与次生矿物不断形成。硅的迁移量一般在 50% ～ 70%，钙、钾、钠的迁移量更高，最高在 90% 以上。铁铝氧化物从风化体到土壤有明显聚积，氧化铝和氧化铁的富集系数分别为 1.5 ～ 2.3 和 2.0 ～ 7.0。②腐殖质积累过程。在中亚热带常绿阔叶林植被下，生物循环过程十分强烈。

◆ **基本性状**

红壤的基本形状有：①土体深厚，剖面层次分化明显，腐殖质层呈暗红棕色，厚度 10 ～ 20 厘米，碎块状或屑粒状结构，淀积层一般厚度 0.5 ～ 2 米，颜色变化于红、红棕、橙色之间，紧实黏重，多为块状或棱块状结构，第四纪红色黏土发育的红壤，剖面下部常出现红、白、黄蠕虫状孔隙和枝形裂隙的网纹层。②土壤有机质和养分含量低，植被条件好的丘陵山地，有机质含量较高，植被稀疏、开垦后有机质含量一般在 20 克 / 千克以下，甚至低于 10 克 / 千克。氮、磷、钾、硼普遍缺乏。③土壤多呈酸性至强酸性，pH 为 4.5 ～ 5.5；交换性铝占交换性酸总量的 90% 以上。④黏粒的硅铝率和硅铁铝率低，黏土矿物以高岭石为主，伴有少量蛭石、水云母和石英。铁游离度高但活化度低。⑤阳离子交换量较低，保肥性能较差。

◆ **主要亚类**

根据土壤发育程度、土壤性质和利用上的差异，划分为红壤、棕红壤、黄红壤、山原红壤和红壤性土五个亚类。①红壤。主要分布在赣、闽、湘、粤、桂、滇、浙和黔 8 个省、自治区境内的低山丘陵区。②棕红壤。红壤向黄棕壤过渡的土壤类型。分布在中亚热带红壤区最北部，位于北纬 28°30′ 以北、东经 111°30′ 以东丘陵低山区，土壤脱硅富铝化相对较弱。③黄红壤。红壤向黄壤过渡的一类土壤。主要分布在皖、浙、赣、闽、鄂、湘、粤、桂、滇、黔、川和藏 12 个省、自治区境内中低山区。④山原红壤。主要分布于云南高原的中部，北纬 24°～ 26°，海拔 1500 ～ 2400

米的残层高原面、湖盆边缘以及丘陵山地。⑤红壤性土。主要分布在红壤区的丘陵山地，剖面发育分化弱。

◆ 利用改良

水热条件优越，植物资源丰富，适宜发展亚热带作物及农、林、牧。红壤的改良主要包括：①基于土壤生物群落与环境条件的协同调控机制。②基于红壤物质循环的调控机制。③基于生态系统结构与功能的调控机制。针对红壤特色经济作物和经济林果，建立了农林牧复合生态系统的快速重建技术和模式。包括：①红壤丘陵林地立体植被重建模式。②红壤流域综合经营的林果草－作物－牧－沼模式。

黄　壤

黄壤是发育于亚热带常湿润山地或高原常绿阔叶林下的富铁铝化土壤。因心土层含有大量针铁矿而呈黄色得名。主要特征是：酸性，土壤经常保持湿润水分状态。在中国土壤系统分类中，大致相当于湿润淋溶土和常湿润淋溶土；在美国土壤系统分类中，大致相当于湿润淋溶土；在联合国世界土壤资源参比基础（WRB，2014）中，大致相当于高活性强酸土。

◆ 分布

黄壤在中国自北纬约 18°20′ 的海南岛五指山至 30°40′ 的大巴山南坡、东经 92° 的西藏德让宗与不丹交界处至 121°20′ 的中国台湾地区南湖大山均有分布，主要分布于贵州、四川、云南、湖南、西藏、广西、浙江、福建、广东、湖北、江西、海南、安徽和台湾等地，是中国南方山区的主要土壤类型之一。在非洲中部、南美、北美的狭长地带和北美的南部、东南亚、南亚，以及澳大利亚的北部等山地也有分布。黄壤垂直分布规律明显，其带谱与区域性水分条件有密切关系，在各个山地的垂直带谱中黄壤的下部一般是红壤，上部则以黄棕壤为多。在常湿润条件下的黄壤垂直带带幅较宽，可达 1000 米。垂直分布的下限变幅很大，低者在 500 米左右，高者可移至 1800 米。随着下限的不同，黄壤垂直分布的上限也有变化，一般在 700 ～ 1600 米，云南高原山地则在 1500 ～ 2600 米。

◆ **形成和性状**

黄壤的形成包含三个过程：脱硅富铝化作用、氧化铁的水化作用和生物富集作用。脱硅富铝化作用是热带、亚热带气候条件下高温多雨、岩石风化作用强烈，土壤因强烈脱硅、脱盐基使铁、铝在土壤中相对富集的过程。氧化铁的水化作用与黄壤分布区终年处于雨量足、云雾多、相对湿度大（通常在 75% 以上），土壤经常保持湿润状态有关，常湿润土壤水分条件下土体中大量的氧化铁发生水化作用而形成针铁矿，使心土层呈黄色。生物富集作用与黄壤长期保持湿润，土壤有机质分解率低而有利于积累有关。黄壤的成土母质有酸性结晶岩、泥质岩类、石英砂岩类风化物、红色黏土及石灰岩风化物。发育于不同母质上的黄壤，其特点各异：①发育于花岗岩、砂岩残积、坡积物上的黄壤土体较厚，质地偏砂，渗透性强，淋溶作用较明显，地表常有较厚的枯枝落叶层。②发育于页岩和石灰岩风化物上的黄壤，质地较黏重。③发育于第四纪红色黏土上的黄壤，土体深厚，富铝化作用较强，心土为棕黄色，以下逐渐转为棕红色或紫红色，质地黏重，渗透性差。黄壤盐基的含量很低，表土层一般不超过 10 厘摩 / 千克。盐基饱和度一般在 10% ～ 30%。呈强酸性（pH 为 4.5 ～ 5.5）。黏上矿物以蛭石为主，高岭石、伊利石次之。有效磷含量也较低。

◆ 类型

根据成土作用和发育程度的差异，黄壤分为四个亚类。①黄壤亚类。多见于海拔较低、地形较平缓的部位，土体较厚，一般在 60 ～ 100 厘米。土壤剖面发生层次分化较明显，全剖面以黄至棕黄色为主，B 层黄色特征突出，剖面构型为 A-B-C。有机质含量变幅很大，随自然植被的类型不同而异：森林下的黄壤，表土有机质含量在 50 ～ 100 克 / 千克；灌丛植被下的黄壤，表土有机质含量在 50 克 / 千克左右；草本植被下的黄壤，表土多形成灰黑色的根盘层，有机质也较高。②表潜黄壤。零星分布于广西等热带和亚热带山地平缓顶部，常年处于云雾弥漫、相对湿度较大的气候条件下。植被为湿性常绿阔叶林和常绿落叶阔叶混交林，林下生长大量苔藓和喜湿性草本植物。地表枯枝落叶层较厚，表土有密织的根盘，吸水性强，因而出现表层滞水，形成浅灰色的潜育土层，这是表潜黄壤的主要形态特征。一般不具有深厚土体，表层可分为褐色枯枝落叶层及半腐解有机质潜育层，心土层仍为黄色。表土有机质含量在 200 克 / 千克左右，心土层也有 50 克 / 千克以上。表层潜育化促使土壤还原离铁，因而全剖面氧化铁含量自上而下逐渐增加。③漂洗黄壤。主要分布在贵州和四川两省坡度较缓的低山、台地和坡麓前缘地段，以及江河两岸二至三级阶地边缘。其下伏基岩较平滑，或底土较黏重，从而形成天然隔水层，使土壤水分具有良好的侧渗漂洗作用。长期的还原离铁在表下层形成了灰白色漂洗层，下移的铁、锰可淀积在淀积层，形成明显的铁锰斑、结核和黑色胶膜，土体厚度多在 70～100 厘米，地表常见枯枝落叶层和半腐解层。④黄壤性土。以贵州、四川两省最多。因分布地形部位往往陡峭，植被稀疏，覆盖度差，地表侵蚀强烈，土壤更新和堆积覆盖频繁，因此一般土体较薄，多小于 60 厘米。土体中夹有大量的半风化岩石碎块，粗骨性强，土壤剖面分化不明显，心土层厚度多小于 20 厘米，无明显的淀积特征。

◆ **改良利用**

黄壤是中国南方的主要林木基地，也是西南旱粮、油菜和烤烟生产基地，利用以多种经营为宜。分布于中山山脊和分水岭地区的表潜黄壤及坡度较大的黄壤性土，因处于海拔高、坡度陡、土层薄的地段，种植农作物或经济林木均不适宜，宜以护林和采集、培育药用植物为主。对分布于高原丘陵地区的黄壤，尤其是老红色风化壳或砂页岩发育的黄壤，如所处地形坡度较小、土层厚度在 1 米以上的则可发展农业和农、林综合利用。丘陵下部缓坡和谷地可种水稻、玉米和麦类；丘陵中、上部可以发展果树、茶和油菜等经济作物和薪炭林。已耕种的黄壤为防治土壤侵蚀，宜进行以山、水、田综合治理为中心的农田基

黄壤利用景观

本建设，多施有机肥料和种植绿肥，并适量施用石灰和磷肥。

黄棕壤

黄棕壤是发育于亚热带常绿阔叶与落叶阔叶混交林下的淋溶土。在中国土壤系统分类中，可依据土壤水分状况的差异被诊断为湿润淋溶土或者半干润淋溶土；在美国土壤系统分类中，为湿润淋溶土或半干润淋溶土；在联合国世界土壤资源参比基础（WRB，2014）中，为高活性淋溶土；对与之相类似的土壤，俄罗斯称为黄棕色森林土；日本定名为黄棕色土。曾称黏盘土、灰棕黏盘壤。

中国的土壤学文献曾将此类土壤与相同地带发育于黄土母质的黄褐土归为同一土壤类型。在第二次土壤普查中，明确将此类强度淋溶、强酸性（pH 为 4.5～5.5），具明显富铝风化的土壤与黏质黄土母质发育的黄褐土并列为两个土类。

◆ 分布

黄棕壤在中国西起甘南与陕西汉江上游的秦巴山间的谷地——汉中盆地，向东延伸至湖北襄樊（今襄阳）一带丘陵、岗地，也包括南阳盆地，直至江汉丘陵，桐柏、幕阜山山间的低丘山、丘陵、阶地，到下游的江淮与宁镇丘陵、阶地等。黄棕壤在长江中、下游沿江两侧的低山丘陵区分布较集中，包括江苏、安徽、湖北、陕西和豫西南等地，在江南诸省山地垂直带中也有分布，分布于黄壤之上。以湖北省的分布面积最大，次为云南、四川、陕西、西藏、贵州等省、自治区。

◆ 形成和性状

黄棕壤在形成和分布上有明显的南北过渡特点，具有弱富铝化、酸化和黏化等特征。其成土母质主要有酸性岩、石英岩和泥页岩。弱富铝化特征是北亚热带黄棕壤的本质特征，其黏土矿物的形成处于脱钾与脱硅阶段。低山丘陵区黄棕壤黏化层黏粒矿物组成中，除伊利石、蒙脱石外，还含有较高比例的高岭石，表现了向红壤过渡的土壤特征。山地垂直带的黄棕壤黏化层黏粒矿物组成中，高岭石、伊利石、蛭石等量，同时有三水铝石出现，表现为向黄壤过渡的土壤特征。与同一地带的黄褐土相比，其风化淋溶强度较强，高岭化程度较高。黄棕壤全剖面呈酸性反应，交换性酸可占阳离子交换量的 40% ～ 80%。由于黄棕壤中原生矿物蚀变为次生矿物的过程比较强以及黏粒自上而下的淋淀，其心土部位出现黏粒含量比上下土层增高的现象。

黄棕壤呈酸性和强酸反应（pH 为 4.5 ～ 6.5），盐基不饱和（多在 50% 以下），土壤铁游离度一般在 50% 以上，黏粒的硅铝率一般在 2.6 ～ 3.0。黄棕壤土壤剖面中有棕色或红棕色的沉积层，即含黏粒量较多的黏化层；土体内有铁锰结核。黏化层与腐殖质层的黏粒含量比一般在 1.4 ～ 2.0。阳离子交换量因母质不同有较大的变化，在 5 ～ 15 厘摩 / 千克。黄棕壤的腐殖质层一般在 10 ～ 20 厘米，土壤有机质积累因海拔和植被不同有较大的差异，低山丘陵区黄棕壤表层土壤有机质一般在 30 克 / 千克左右，山地垂直带的黄棕壤表土有机质可达 80 克 / 千克以上，且地表常见枯枝落叶层，耕作后土壤有机质显著地下降。不同植被下的土壤腐殖质组成不同，林地黄棕壤表层的腐殖质中胡敏酸与富啡酸之比一般小于 1，而耕地黄棕壤表层则大于 1。活性胡敏酸或活性富啡酸占胡敏酸和富啡酸总量的百分比也因土而异，林地黄棕壤多超过 50%，而耕地则低于 40%。胡敏酸或富啡酸中与钙结合和与铁铝结合的比值，林地黄棕壤一般小于 1.5，而耕地则高于 4.0。

◆ 亚类

根据成土环境与土壤发育程度的差异，黄棕壤分为三个亚类。①黄棕壤。在中国集中分布于江苏、安徽两省的长江两岸以及鄂北、豫南和陕南的低山丘陵区，其植被为落叶－常绿阔叶混交林，具有南北过渡特征。土体厚度一般在 1 米左右。自然植被下，黄棕壤亚类表层呈灰棕色，耕作后多为暗黄棕至暗棕灰色。黏化层为淡黄棕、棕、红色，随风化物类型和氧化铁含量变化而异。表土质地多为壤土，黏化层质地以黏壤土或壤质黏土为主，砾石含量较低（< 30%）。黄棕壤的黏化层兼有残积黏化和淀积黏化的特征，结构面上常见红棕、暗棕色铁锰胶膜。黄棕壤表层有机质有较大的变化，一般在 16 ～ 60 克 / 千克，自然植被

黄棕壤景观

下黄棕壤亚类地表有不连续的残落物层。②暗黄棕壤。在中国主要分布在中南、华东、西南诸省、自治区、直辖市山地垂直带上，包括湖南、湖北、江西、安徽、广西、云南、四川、贵州、西藏等省、自治区的中山区，土地利用主要为林地。暗黄棕壤所在的山地垂直地带多位于黄壤

之上，自然植被覆盖良好，主要为落叶－常绿落叶和针叶林。土体厚度多在 50 厘米左右。因植被覆盖度高，气候温暖，表层土壤腐殖质积累明显，地表普遍有数厘米厚在枯枝落叶层，表土有机质含量一般在 40～90 克/千克，胡敏酸/富啡酸＜1。但由自然植被改变为人工栽培的经济林后，土壤有机质趋向下降。暗黄棕壤表层呈暗棕至黑棕色，质地多为壤土，粒状结构；黏化层呈黄棕色至棕黄色，棱块状结构，结构面可见铁质胶膜，质地较表土黏。③黄棕壤性土。其母质与黄棕壤亚类相同，但由于分布区植被覆盖较差和坡度较大，土壤发育程度较弱。除酸化特征外，其富铝化、黏化均不够明显。表土有机质含量在 10 克/千克左右。

◆ **利用**

中国黄棕壤资源的开发利用已有数千年历史。除山地外，此类土壤分布的大部地区已成为生产粮食和经济林木的重要基地。在丘陵坡地水土流失严重的地段多修筑水平梯田或进行等高种植，以减少水土流失。坡度大于 8°的坡地和土层较薄的山坡地则应封山育林，种植麻栎、小叶栎、白栎及湿地松、火炬松、短叶松等针阔叶树木。营造人工林时宜等高种植和实行种草与种灌、乔木结合，以提高防治土壤侵蚀的效果。黄棕壤含磷量较低，且以闭蓄态和与铁铝结合态磷为主。种植豆科作物或绿肥时应重施磷肥，以利增产。

黄褐土

黄褐土是由黄土或黄土状物质发育而成的中性土壤。

◆ 分布

黄褐土主要分布在北亚热带、中亚热带北缘以及暖温带南缘的低山丘陵或岗地。在中国，地域范围大致在秦岭—淮河以南至长江中下游沿岸，与黄棕壤处于同一自然地理带。以河南和安徽的面积最大，其次为陕南、鄂北、江苏和川东北，在江西九江沿长江南岸丘岗地也有少量分布。黄褐土分布的海拔一般低于黄棕壤，以丘陵岗地、河谷阶地和山间盆地为主，与低地水稻土或潮土相间分布。

◆ 成土过程

黄褐土的形成包含三个过程：黏化作用、脱硅富铝化作用和氧化铁锰淋淀作用。黄褐土的黏化特征属于残积黏化和淋淀黏化共同作用的结果，表现为黏粒在聚积层的黏化值较高，多在 1.2 ~ 1.5。黄褐土已处于明显的脱钙、脱钾阶段，具有弱脱硅富铝化特征，其黏粒硅铝率多在 3.0 ~ 3.5，高于褐土，但低于红壤和黄壤。黏土矿物以伊利石、蒙脱石为主，含少量高岭石、蛭石及绿泥石。黄褐土在矿物风化形成次生黏土矿物的过程中，铁锰被逐渐释放转化成为氧化物，后者在土壤湿时被还原为可溶性的低价化合物，并可随水向土体下部淋移；土壤干旱失水后便氧化成难溶性的高价铁锰化合物在土体一定深度淀积。因此在剖面中下部常见呈暗褐色斑状胶膜和大小形状不等的结核新生体。这些铁锰淀积物可与大量的黏粒胶结，致使黏化土层更加致密坚实而形成黏盘层。

◆ 基本性状

虽然地处温热亚热带环境，但细粒黄土为含碳酸钙丰富的地质形成物，延缓了土壤中物质移动与累积，因而黄褐土的主要特征是：土层中虽然脱钙，剖面不含游离石灰，但黏粒交换性阳离子仍以交换性钙占主要地位，处于盐基饱和状态。在剖面深处仍可见石灰结核残存，因此曾命名残余碳酸盐黄棕壤，如果突出反映黏盘特征，也曾命名灰棕黏盘壤、黏盘土。

黄褐土土体深厚，土壤呈黄褐色或黄棕色，质地黏重，为壤质黏土至黏土，土体紧实。全剖面一般无石灰反应，土壤呈中性或微碱性，表层 pH 多在 6.5 ～ 7.0，底层可在 7.5 左右。黏粒的阳离子交换量一般在 40 厘摩 / 千克以上，盐基饱和度大于 80%，自上而下增加，明显不同于同一地带的黄棕壤。土壤已发生强度黏化，不少土壤具有黏盘层发育，根系不易穿透。黏化厚度多在 30 厘米以上，中到大棱块状或棱柱状结构，结构体间垂直裂隙发达，表面有暗褐色黏料胶膜和铁锰胶膜。

黄褐土地区的自然植被已不复存在，次生植被覆盖度也不高，表土有机质多在 10 ～ 15 克 / 千克，胡敏酸 / 富啡酸小于 1。黄褐土钾素较丰富，但磷素缺乏。土壤游离氧化铁含量大于 20 克 / 千克，游离度在 40% 以上，土壤全铁和游离铁含量以及氧化铁游离度一般是黏化层高于腐殖质层。

◆ **亚类**

根据成土作用和发育程度的差异，黄褐土分为四个亚类。①黄褐土亚类。黄褐土土类中面积最大的一个亚类。主要分布在河南和安徽，其次为陕西和江苏，四川也有少量分布。全剖面呈黄褐色和黄棕色，质地黏重，1 米土体内具黏化层而无黏盘层。全剖面无石灰反应，在更深的底部有时可见残留石灰结核。②黏盘黄褐土。中国主要分布在江苏淮河以南至沿江丘陵岗地和河南大别山以北至淮河以南的丘陵岗地，江西九江地区沿长江南岸起伏低缓岗地也有分布。常与第四纪红色黏土发育的棕红壤呈复区交错出现。黏盘黄褐土在 1 米土体内具厚度大于 30 厘米以上厚的黏盘层，有别于黄褐土亚类。黏盘层具有醒目的暗棕褐色，棱柱状结构发达，全剖面质地黏重。③白浆化黄褐土。表层滞水还原离铁和黏粒不断被侧渗漂洗导致土壤质地变轻、颜色淡化而发育的一类黄褐土。白浆化黄褐土具有灰白色或灰色壤质表土和亚表层（白土层），不同于黄褐土亚类和黏盘黄褐土亚类。零星分布在湖北省及河南省信阳和驻马店丘岗地顶部和江苏省与安徽省的江淮丘岗地顶部或缓坡地带。白浆化黄褐土表土质地较轻（黏壤土和壤土），耕性良好。④黄褐土性土。黄褐土土区内由于受侵蚀影响或直接由基岩洪积坡积物发育，或由次生黄土发育的一类淀积黏化不明显的初育性黄褐土。中国零星分布在四川嘉陵江河谷（广元市域内）和二郎山西坡的大渡河河谷坡

黄褐土标本

地及洪积扇高阶地及河南信阳和平顶山一带的丘岗谷坡地上。黄褐土性土土体较薄，厚度以 50 ～ 60 厘米为主。质地多为黏壤土和壤土，且砾石质性强，多数土体内含有 10% ～ 20% 大小不等的砾石。

◆ **改良利用**

黄褐土是北亚热带重要的旱作农业区土壤，因土质黏重，结构坚实僵硬，胀缩性强，耕地和通透性较差，土壤不耐旱涝，多数土壤氮、磷养分缺乏，农作物产量不高不稳。然而，黄褐土分布区的水热条件比较优越，多数土壤土体深厚，酸碱度适中，宜种性广，是一类生产潜力大、农业综合开发利用有广泛前景的土壤资源。宜通过兴修水利、修筑梯田、增施有机肥、合理轮作、发展多种经营等措施进行改良利用。

棕　壤

棕壤是暖温带湿润地区落叶阔叶林和针阔混交林下发育的淋溶型土壤。在中国土壤系统分类中，属于淋溶土纲湿润淋溶土亚纲，简育湿润淋溶土土类；在美国土壤系统分类中，大致相当于淡色始成土壤、湿润淋溶土；在联合国世界土壤图图例（1988）中，大致相当于饱和始成土单元和高活性淋溶土集合土类。又称棕色森林土。

◆ **分布**

棕壤是世界上一种重要的农业土壤，广泛分布于欧洲、北美洲和亚洲。在北美主要分布于美国东部；在亚洲主要分布于中国、朝鲜北部和日本；在欧洲主要分布于英国、法国、德国、瑞典、巴尔干半岛，以及俄罗斯等国的南部山地。在中国棕壤主要分布于辽宁中东部、山东半岛和冀东地区，在辽西、鲁南、河北、安徽、滇中、滇南、川北的低山或中山区也有分布。

◆ **成土条件**

棕壤主要分布区属暖温带湿润、半湿润海洋性季风气候，夏季温暖多雨，冬季寒冷干燥，年平均气温 5 ～ 14℃，≥ 10℃ 年积温 3000 ～ 4500℃·日，年降水量 500 ～ 1200 毫米，干燥度在 0.5 ～ 1，无霜期 180 ～ 220 天，土壤冻结深度可达 1.5 米。棕壤带的雨热同步有利于土壤中的化学风化作用、淋溶 - 淀积作用和生物累积作用的进行。母质以各种岩石的残积、坡积物和第四纪黄土性沉积物为主，地下水位深。原始植被为落叶阔叶林、常绿 - 落叶阔叶 - 针叶混交林，因受人类活动影响多是次生林，主要树种有辽东栎、蒙古栎、椴树和油松等。阶地和低丘的棕壤大部分已辟成农田和果园，其肥力发展变化受人为措施影响很大。

◆ **成土过程**

棕壤上落叶阔叶林的生物循环比较旺盛，每年凋落大量富含钙、钾的枯枝落叶积聚地表，其根系分布虽然密而深，但每年仅有极少部分死亡。表土层有机残体经微生物分解，产生的盐基与腐殖酸结合，就在凋落物层下，形成一个盐基饱和度较高、微酸性至中性的薄腐殖质层。棕壤化学风化强烈，黏化作用明显，风化产生的黏粒和铁铝氧化物，随重力水向下淋移，经长期积聚在中、下部形成黏淀层。其特点是在结构面上覆有黏粒、铁锰胶膜和二氧化硅粉末。在剖面中还聚有小铁锰结核。发育时间较短或土体较薄的棕壤，缺乏黏淀层，铁锰结核亦不明显。棕壤土体内碳酸盐和可溶盐均被淋失，交换性阳离子主要为钙、镁、钾，土壤腐殖质层以下的盐基轻度不饱和。

◆ **基本性状**

棕壤剖面由凋落物层、腐殖质层、黏化层、母质层构成。腐殖质层较薄，一般在 15～25 厘米，灰棕至暗棕色，团粒、团块状结构；下为较厚的黏淀层，黄棕色至棕色，多棱块状和核状结构，结构体表面一般有黏粒胶膜和铁锰胶膜，有时结构体中可见铁锰结核，发育条件不稳定状况下，则黏淀层不明显。再下逐渐过渡为母质层，残积物母质层多半是风化碎块。

棕壤全年的水分变化大体是，表层 30 厘米厚的水分季节变化显著，4 月开始融冻至 4 月中旬水分可从 250 克/千克逐渐降至 100 克/千克以下；6 月下旬直至开始结冻，水分含量稳定在 250～400 克/千克；而 80 厘米以下水分状况相对稳定。从作物需要看，除 5 月至 6 月中旬作物苗期土壤水分较缺外，其余时间都相当充足。

腐殖质层的有机质含量在 40～90 克/千克，全剖面呈微酸性反应，盐基饱和度一般在 80% 以上，但酸性棕壤在土体中下部则低于 50%。发育于第四纪黄土状母质的棕壤的耕作层，有机质含量一般在 15～20 克/千克，呈中性反应，交换性盐基以钙镁为主，有的有效性磷钾含量也较高。黏土矿物以水云母和蛭石为主。有时可见蒙脱石和高岭石。质地较黏，阳离子交换量较大，又因心土有黏化层顶托，保肥力较强。

◆ **主要亚类**

由于区域性水热条件以及成土母质的差异，棕壤形成了不同的亚类。

根据其主要成土过程所表现的程度和有关附加成土过程的影响可将棕壤划分为五个亚类：①普通棕壤。也称典型棕壤。此亚类具有棕壤土类的主要属性，土体较厚，黏淀层发育较好，托水托肥，下部通透性较差，微酸性至中性，自然肥力较高。②白浆化棕壤。指腐殖质层或耕层以下具有白浆层的棕壤，这是区别于棕壤其他各亚类最重要特征。多分布于丘陵缓坡，母质是黄土性物质或坡积物。由于心土层黏重，土壤受上层滞水或侧渗水淋洗影响，产生白浆化过程，在腐殖质层下有白浆层，呈灰白色，粉砂质，呈弱酸性至酸性反应，有机质及养分含量低，黏淀层有铁锰胶膜和铁锰结核，通透性极差。③酸性棕壤。多分布在山地，母质是酸性岩残积物，盐基含量较低，淋溶作用较普通棕壤更强，盐基不饱和程度大，pH 为 5.6～6，交换性铝多于交换性氢，黏淀层发育不良。④潮棕壤。主要特征与普通棕壤相同。主要分布在坡麓及山前平原，母质多为坡积物或坡洪积物。由于受土坡内部径流或地下水（1～4 米）返润影响，产生草甸过程。表土有机质含量较普通棕壤高，剖面下部每年受地下水支持的上升水周期性浸润影响，使底土层产生潜育化过程，常有锈纹、锈斑和铁锰结核。此亚类土壤适于开发农田，作物产量较普通棕壤高，是农业稳产区。⑤棕壤性土。是处于弱度发育阶段剖面分化不明显的一类棕壤。主要分布于剥蚀缓丘、低山丘陵、中山坡及山脊，常与粗骨土、石质土镶嵌分布。棕壤性土的土体较薄，通常不超过 50 厘米，其下为半风化母岩；原生矿物风化弱，粗骨性强。

◆ **利用改良**

棕壤地区气候温暖湿润，土壤肥力较高，是中国比较稳定的农业区。

在地形平缓地区，大部分已开垦耕种。潮棕壤土质疏松，水肥条件较好，肥力高，适宜种植玉米、小麦和蔬菜。白浆化棕壤宜种喜湿的大豆和小麦。普通棕壤肥力中等，适种玉米、大豆和高粱。丘陵坡地的普通棕壤盛产水果，品质优良。如辽南的苹果、桃，绥中白梨中外驰名。坡地还适于发展柞树养蚕，其产量在中国居于前列。

棕壤农果用地当前主要存在水土流失、施肥不足和土壤肥力退化等问题。棕壤森林资源较丰富。在自然状态下，为森林植被所覆盖，是林木生长的重要基地。棕壤具有很高的自然肥力和良

棕壤耕地

好的气候条件，很早以来就被人们开发利用，发展农作物、果树、柞蚕、人参、造林和畜牧等。棕壤通过长期耕种、培肥与改良，会产生熟化过程，耕种棕壤的肥力变化主要取决于水土保持以及施肥管理等措施。

暗棕壤

暗棕壤是寒温带湿润地区针阔混交林下发育的淋溶型土壤，曾称山地灰化土（1954）、棕色灰化土（1956）、灰化棕色森林土（1958）、灰棕壤（1958）、山地棕壤（1958）、灰棕色森林土（1958）、暗棕色森林土（1960）等。在中国土壤分类（1978）和全国第二次土壤普查分类方案（1988）中，均被列为淋溶土土纲暗棕壤土类；在中国土壤系统

分类（1991）中，被列为硅铝土纲湿润硅铝土亚纲暗棕壤土类；在美国土壤系统分类中，大致相当于腐殖质潮湿始成土和冷冻性冷凉淋溶土；在联合国的世界土壤图图例（1988）中，相当于腐殖质雏形土、普通高活性淋溶土、漂白高活性淋溶土、潜育高活性淋溶土土壤单元。在中国土壤系统分类中，根据黏化层的有无可归为淋溶土和雏形土两个土纲，冷凉淋溶土和湿润雏形土亚纲，暗沃冷凉淋溶土和冷凉湿润雏形土土类。

◆ **分布**

暗棕壤主要分布于太平洋两岸的北部，即亚洲东北部和北美西部棕色针叶林土带以南的广大针阔混交林区。包括中国东北的小兴安岭、完达山系、长白山系和大兴安岭东坡，并延伸至朝鲜半岛北部、俄罗斯远东地区东部、跨越白令海峡达加拿大的西部地区和美国落基山脉以西。在此广阔范围以南的山地针阔叶混交林（局部为针叶林），也有暗棕壤的垂直分布带。中国暗棕壤主要分布在东北地区，其次为青藏高原边缘的高山地带，在亚热带山地的垂直带谱中也有少量分布。暗棕壤向北（向上）过渡为棕色针叶林土，向南（向下）过渡为棕壤。

◆ **成土条件**

暗棕壤多出现在温带或类似温带山地的垂直带针、阔叶混交林下，气候特点是有宜于森林生长的夏季、漫长严寒的冬季和短暂的春秋两季。具有季节冻层，冻结深度 1～2.5 米，季节性冻层在 6 月份以后才能融化。气候湿凉，因受季风影响，雨热同步，与生长季一致，生物累积与成土过程十分活跃。由于分布地域辽阔，气候特点很不一致。年平均气

温 -2 ～ 8℃，最冷月平均气温 -28 ～ -5℃，最低极值可达 -45℃，最热月平均气温为 15 ～ 25℃，稳定雪盖约 2 个月。全年降水量 60% 集中于夏季，降水量 500 ～ 1000 毫米，年降水变率较大。干燥度一般在 1.0以下。暗棕壤区的原始植被是以红松为主的针阔叶混交林。植物的种属较多，常见的伴生阔叶树种有杨、桦、蒙古栎、槭、椴等。低湿寒冷处还有臭冷杉和红皮云杉，林中还有多种攀缘植物，或藤本附生于木本上。主林层下还有灌木及草类，种类繁多，与棕色针叶林土区的林下植物矮小单调形成了鲜明的对比。中国南方山区垂直分布带上的森林建群种主要有云杉、冷杉，伴生的阔叶树种主要为杨、桦，分布区多丘陵和山地地形。中国北部山地暗棕壤分布的海拔高度多在千米以下，坡度较缓和（＜ 25°）；分布于南方高山垂直带的海拔则在 2000 米以上，坡度陡急，一般＞ 25°。成土母质为各种岩石的残积物、坡积物、洪积物及黄土。其中花岗岩分布的范围最广，另有变质岩和新生代玄武岩覆盖，在小兴安岭北部有第三纪陆相沉积物黄土的分布。

◆ 成土过程

暗棕壤的成土过程主要表现为有机质与养分积累和轻度的淋溶与黏化过程。

土壤表层有机质和植物养分的富集作用。在暗棕壤地区自然植被为针阔混交林，林下有比较繁茂的草本植被。因雨热同季且与生长季节一致，生物累积过程十分活跃，每年都有大量的凋落物残留于地表。乔木根系深，不断从下层吸收养分，并以凋落物的形式累积于地表，通过微生物的分解归还于土壤中，如此往复，遂使深层的矿质元素与植物充分作用，形成的有机物质不断增加到土壤表层，形成肥沃的表土。此地区气候冷凉潮湿，土壤表层积累了大量的有机质。由于阔叶树的加入和影响，森林归还物中灰分含量较棕色针叶林土高。灰分中钙、镁等盐基离子较多，约占灰分总量的80%。这些盐基离子的存在，足以中和有机质分解过程中释放的有机酸。因此暗棕壤腐殖质层的盐基饱和度较高，土壤不至于产生强烈的酸性淋溶过程。

轻度淋溶与黏化过程。暗棕壤地区的年降水量一般为600～1100毫米，而且70%～80%的降水集中在夏季（7月、8月），使暗棕壤的盐基和黏粒的淋溶淀积过程得以发生，具体表现为一价K^+、Na^+和二价Ca^{2+}、Mg^{2+}盐基离子及其盐类的淋洗淋失，以及黏粒向下的淋溶和淀积。森林土壤的枯枝落叶层在雨季的保水能力很强，能够抑制土壤水分的蒸发，会使雨季土壤上部土层水分达到饱和状态，从而造成还原条件，使表层和亚表层土壤中的铁还原成亚铁向下淋溶，在下部土体中重新氧化而以胶膜的形式沉淀包被在土壤结构体的表面，使土壤具有较强的棕色。

但是由于暗棕壤有季节性冻层，每年6～8月以前冻层未完全融化，土层土壤冻融水下渗时因冻层顶托而受阻，使淋溶作用较弱。每年归还土壤的大量钙、镁、钾等盐基可中和土壤溶液中的酸性物质，降低下渗水流对土壤矿质中惰性元素（铁和铝）的络合淋溶能力。

另外，暗棕壤溶液中来源于有机残落物和岩石矿物化学风化产生的硅酸，由于冻结作用成为二氧化硅粉末析出，以无定形二氧化硅粉末的形式附着在土壤结构体的表面，称为假灰化现象，它不同于灰化过程，灰化过程中有铁、铝的络合移动与淀积。

◆ **基本性状**

典型暗棕壤剖面中，枯枝落叶层厚度一般 4～5 厘米，主要由针阔乔木、灌木的枯枝落叶和草本植物的残体组成，有大量的白色真菌菌丝体。腐殖质层厚度 8～15 厘米，平均为 10 厘米左右，为棕灰色、团粒状或屑粒状结构，有大量根系且多为草本植物根系，有蚯蚓、蚂蚁聚居。过渡层厚度不等，一般小于 20 厘米，为灰棕色，与腐殖质层相比较为紧实。黏粒和铁的淀积层厚度为 30～40 厘米，为棕色，质地黏重、紧实，块状结构，在结构体表面有不明显的铁锰胶膜，可见二氧化硅粉末。母质层石砾表面可见铁锰胶膜。

拥有较高的有机质含量。暗棕壤表层有机质含量为 50～100 克/千克，有的甚至可高达 200 克/千克，向下锐减，腐殖质层腐殖质含量比值为 3：1，腐殖质层表层腐殖质以胡敏酸为主，胡敏酸/富啡酸＞1.5；淀积层胡敏酸/富啡酸＜1（0.5～0.6），活性胡敏酸和富啡酸的含量随剖面深度的增加而增多，反映了森林土壤腐殖质组分的特点。腐殖质层阳离子交换量为 25～35 厘摩/千克，盐基饱和度为 60%～80%，随剖面深度的增加而降低；与盐基饱和度有关的 pH 亦有大致相同的变化规律，表层 pH 为 6.0，下层 pH 只有 5.0 左右。土体中铁和黏粒有明显的淋溶淀积，而铝的移动不明显。腐殖质的 SiO_2/R_2O_3 多在 2.2 以上，SiO_2/Al_2O_3 则在 3.0 以上；淀积层 SiO_2/R_2O_3 多为 2.70 左右，SiO_2/Al_2O_3 则多为 3.40 左右；底土层硅铁铝率和硅铝率则又有所增大。黏土矿物鉴定表明，暗棕壤黏土矿物以水化云母为主，并含有一定量的蛭石和高岭石。暗棕壤质地大多为壤质，各层粒级组成变化不大，从表层向下石砾含量逐渐增多，黏粒在淀积层有所增加，但与棕壤相比并不十分明显，所以大部分的暗棕壤不具有黏化层。土壤水分状况终年处于湿润状态，季节变化不明显。土壤表层含水量较高，向下骤然降低，相差可达数倍。枯枝落叶层含水量可高达 40% ～ 80%，50 厘米以下只有 20% ～ 30%。由于湿度较高，土壤温度低，土壤冻结期较长，冻层厚度较深，有的地区 6 月时 20 ～ 30 厘米土层尚未融化，有的地区甚至到 8 月土层尚不能完全融化，因此造成的土壤上层滞水现象比较严重。

◆ **主要亚类**

暗棕壤可因其附加成土过程的不同而分为六个亚类：①典型暗棕壤。暗棕壤土类的典型亚类。具有暗棕壤的典型特征，主要分布在山地缓坡顶部及山腰处，面积最大，最肥沃，生产力最高。②白浆化暗棕壤。暗棕壤向白浆土过渡的过渡性亚类。主要分布在暗棕壤地区的平缓阶地、平山、漫岗顶部等排水较差的地形部位上，常与白浆土呈复区存在。植被多为针阔混交林，母质较黏，多为冲积、洪积物，也有部分黄土状沉积物。与典型暗棕壤亚类的区别在于表层之下有一个明显的呈黄白或黄白相间的白浆化层。③潜育暗棕壤。主要分布在河谷、坡麓、高阶地中的低平处或沟塘低洼处，土壤水分较多，排水不良，甚至部分地区有岛状永冻层的存在，以至于土壤发生明显的潜育化过程。表层显泥炭化特征，形成腐殖质泥炭层，表层以下土层常有水渗出，有潜育斑，呈酸性反应，盐基饱和度较低，质地较黏，滞水性强，土壤 50 厘米以下有蓝灰至淡灰色的潜育层，并多锈斑或蓝灰色条纹。潜育层通气不良，因此多生长浅根性树种（落叶松）或耐冷湿的树种，如冷杉或红皮云杉，林木生长迟缓，严重的形成"小老树林"。④草甸暗棕壤。暗棕壤向草甸土过渡的过渡性亚类。主要分布在平缓的地形上，多为坡脚或河谷阶地。植被多为次生阔叶林或疏林草甸植被，腐殖质积累作用强，形成较厚的腐殖质层，土体呈灰棕色，淀积层中出现铁锰结核或灰色条纹，此亚类腐殖质层较厚，含量较高，呈中性反应，盐基饱和。质地一般为壤质，保水保肥性能好，铁的还原淋溶作用强，但黏粒移动较弱，黏粒化学组成在剖面中分化不明显。⑤灰化暗棕壤。分布于海拔较高的山地，或灰分元素缺乏的砂性母质上，针阔混交林植被下，土壤亚表层呈现灰化特征，硅铝率接近3.0。其下有明显淀积层，有铁锰胶膜，酸性反应，盐基饱和度60%。⑥暗棕壤性土。多分布在海拔较高的山地，由于受到水土流失的影响，土壤发育弱，属于暗棕壤中的幼年土壤。

◆ **利用改良**

暗棕壤土壤肥力较高，适于温带针阔叶树种生长，也是中国的重要木材生产基地。但由于地区性条件及各亚类性质和肥力的不同，林木年生长量的差别较大。土壤肥力和木材产量均以典型暗棕壤最高，其他几个亚类均须针对存在问题加以改良后才能改善土壤肥力，提高林木产量。可适度发展种植业，但在开垦种植时必须加强水土保持，避免开垦陡坡地，要农林兼顾，统筹安排，注意施肥保持土壤肥力。白浆化暗棕壤的白浆层中土壤滞水，土壤瘦瘠且紧实，改良时应疏松白浆层，并对该层增施有机肥料（草炭肥、厩肥等），适当施用氮磷化肥。对造林地可改用高台条状（垄式），整地后造林，效果较好。草甸暗棕壤的草根盘结层应清除，也可植苗木于草根层裂缝中，务使树苗根部直接接触矿质土层，并加强幼林抚育，待幼林生长郁闭，草类可自行消退。对潜育暗棕壤应挖掘排水沟，排除土体中多余的水分，增加土壤通气性，提高土温。林木生长量将会显著提高。陡坡地区的暗棕壤应坚持保护森林，禁止采伐，防止水土流失。暗棕壤的林下有许多珍贵经济植物，如人参、刺五加、柴胡、五味子等名贵药材，越橘、猕猴桃等野生水果，蕨菜、食用菌等珍贵野菜，都有极高的经济价值，应加以保护

暗棕壤景观

和开发利用。暗棕壤地区树种十分丰富，蕴藏丰富的旅游资源，在适度开发的基础上，加强生态文明建设，走可持续发展道路。

白浆土

　　白浆土是分布在半湿润的温带、暖温带及湿润的亚热带地区，具有漂白层和滞水黏质淀积层的土壤。在中国东北地区，1958年曾昭顺首先提出白浆土应作为独立土类，以区别于灰化土。中国第一次土壤普查分类（1959）时，南方称淀浆白土、白善泥等；在中国土壤分类暂行草案（1978）中，列为半水成土土纲白浆土土类；在中国土壤系统分类（2001）中大致归属漂白冷凉淋溶土；在美国土壤系统分类中，大致相当于漂白潮湿淋溶土、舌状湿润淋溶土、漂白软土；在联合国世界土壤图图例（1988）中，大致相当于漂白高活性淋溶土。

◆ 分布

在欧洲，白浆土集中出现在大西洋气候区，南可延伸到地中海沿岸，由滨海向内陆过渡，白浆土带幅变窄同时北移。在北美尤其是美国东部白浆土分布面积大，从北、东、南三面环绕大草原。日本、澳大利亚东南部也有白浆土分布。中国白浆土分布较广，多同暗棕壤、棕壤与黄棕壤呈复区分布，在大小兴安岭、长白山、鲁南山区及江淮丘陵等地均有连片分布，从北纬 55° 起，向南延伸到北纬 30° 左右。在东北地区，白浆土广泛分布在黑龙江省和吉林省东部地区，即从三江平原地区，向南延至辽宁省的沈丹铁路附近。淮河以南及长江中下游地区，集中分布在安徽、江苏、浙江、湖北与湖南等省。在西南地区，主要分布在四川东部地区的山区、丘陵及平坝地区。在南方各省的阶地与山丘坡麓亦有零星分布。

◆ 成土条件

白浆土主要分布在平原及中低山丘陵区，较古老的冲积、洪积、冰碛平原地区，以及个别近代湖成洼地。地形多为起伏漫岗、山麓坡地、洪积台地、河谷阶地。自然植被，在东北地区主要是针阔混交林、疏林－草甸与草甸沼泽植被，以喜湿植物为主。在长江中下游地区，主要为落叶阔叶林、落叶－常绿阔叶混交林及常绿阔叶－针叶混交林。白浆土地区一般都被辟为农田成为粮食生产基地，在东北地区主要作物是小麦、玉米和大豆，在长江中下游地区为水稻、小麦、油菜等。白浆土母质类型多样，有基岩风化物、坡积物、洪积物、冲积物、湖积物、黄土状沉积物等，母质不同白浆土性质表现出一定的差异。

◆ **成土过程**

白浆土的形成是一系列黏粒淋移和铁锰淋淀作用的循环过程。在干湿季节性变动的气候条件下，土壤经常处于氧化还原作用交替的过程中。潮湿季节表土层丰富的有机物质在饱和水分状况下发生了还原作用，使土壤中的铁锰等有色矿物呈低价易溶状态（Fe^{2+}、Mn^{2+}），随水下渗到下部土层遇空气后氧化成 Fe^{3+}、Mn^{3+}，形成铁锰胶膜和结核。与此同时，表层黏粒也随水下渗而沉积于下部，逐步使上部土层粉粒化，下部土层黏化，黏化层的形成更加强了上层滞水和干湿交替，又促进了铁锰的还原淋溶和氧化淀积。同时在自然与人为作用下植被不断更迭，土壤有机质增加，络合淋溶加强，矿物的蚀变开始。黏粒的机械淋溶逐步被矿物蚀变淋溶、铁锰氧化还原淋淀逐步被络合淋淀所代替，从而使下部土体更加黏重，促进了 Fe^{2+}、Mn^{2+} 溶液在黏化层上横向流动，淋洗到土层以外，这样使得亚表层脱色并粉粒化，下部沉积黏化，以致形成具有淋溶层和黏化层的白浆土剖面。

◆ **基本性质**

白浆土剖面有腐殖质层、白浆层、淀积层和母质层四个明显的发生层次。腐殖质层厚 10 ～ 20 厘米，灰白色或草黄色，无结构或片状结构，多小空隙、根系少，有较多的铁锰结核或铁锈斑。淀积层厚 40 厘米以上，棕褐色到暗褐色，黏紧，根系极少，核块或棱柱状结构，俗称蒜瓣土，含少量铁锰结核，结构面上有暗褐色胶膜和白色二氧化硅粉末，再下为黄棕到棕色母质层。土壤机械组成以粗粉粒（0.05 ~ 0.01 毫米）最多，其次是黏粒。表层及白浆层多为中壤土到重壤土，淀积层大部为轻黏土，土壤剖面质地变化不连续，存在两层性。腐殖质层富孔隙，容重 1 克 / 米 ^{3}，白浆层容重增至 1.3 ~ 1.4 克 / 米 ^{3}，淀积层可达 1.4 ~ 1.6 克 / 米 ^{3}。下部孔隙小，透水性不良，降水后水分滞留在上层，土体蓄水量少，故不抗旱亦不耐涝，雨后或灌水后易淀浆板结，对旱作物出苗或水稻插秧返青不利。温带荒地白浆上表层有机质含量 60 ~ 100 克 / 千克，高的可达 200 克 / 千克以上，但白浆层和淀积层有机质含量都很低（4 ~ 8 克 / 千克）。腐殖酸组成以胡敏酸为主，胡敏酸与富啡酸比值为 2.6 ~ 1.37。盐基饱和度 60% ~ 90%。酸性到微酸性，水解酸度较大，交换性盐基以钙、镁为主，表层全氮、全磷量较高，向下层迅速减少，全钾含量较丰富。白浆土开垦后，氮含量明显减少，有效磷贫乏。

◆ **主要亚类**

根据所处成土环境和附加成土过程的不同，可分为三个亚类。①普通白浆土，又称岗地白浆土。代表白浆土土类概念的典型亚类。多分布在地势起伏的岗地上。地下水位一般在 20 米以下，不受地下水的影响。植被有森林和草类，在森林植被下，地面有 2 ~ 3 厘米厚的森林残落物。腐殖质层一般小于 15 厘米，白浆土层厚度较大，一般在 20 厘米左右，开垦后易发生水土流失，逐渐变为瘠薄地。②草甸白浆土，又称平地白浆土、暗白浆土。分布于丘陵缓坡下部，高阶地等平坦地形部位。水分状况较好，植物生长茂盛，植被为灌丛及草甸杂类草，草甸过程有一定的发展。表层腐殖质积累较典型白浆土多，一般厚度为 14 ~ 23 厘米，白浆层厚度20厘米，黏化淀积层可见到锈色斑纹。③潜育白浆土，又称低地白浆土。分布于低平地、低阶地。一般雨后有积水，地下水位较高。草甸－沼泽植物生长茂盛。腐殖质层厚，有机质含量高，白浆层较薄，一般为15厘米左右，有锈斑。黏化淀积层多呈暗灰色（10YR4/1），小块状结构，表面有大量黏粒胶膜，锈斑，在50～100厘米出现潜育层或潜育现象。

◆ 利用改良

白浆土是一种低产土壤，主要问题是：腐殖质层薄，主要养分元素贫乏，水分物理性质不良，持水量小，怕旱怕涝，土壤淀浆板结，下层黏重，作物扎根困难。此外，丘陵地白浆土有水土流失，潜育白浆土有内涝。对于平缓地区的农地白浆土，主要利用改良措施是：①施肥改土。白浆土施用化肥，既可供应养分又可改良土壤物理性质。②深松改土。采取上翻下松的耕作法，保持表土肥力，改善底土的物理性，增加透水性，增大土壤蓄水能力，提高作物产量。③地形较低地区的白浆土，雨季常有渍害。如能建立排水系统，挖明沟或挖暗沟或设置暗管，可排除渍涝，作物能明显增产。坡度较大的白浆土，应植树造林，防止水土流失，改善生态条件。低平地区的白浆土，草类生长繁茂，可适当发展畜牧业。

棕色针叶林土

棕色针叶林土是寒温带针叶林下发育的冻融回流淋淀型的棕化土壤，曾称山地灰化土（1954）、棕色灰化土（1956）、棕色泰加林土（1958）、寒棕壤（1985）。在中国土壤分类（1978）中，列为淋溶土土纲漂灰土土类下的一个亚类；在中国第二次土壤普查分类（1988）中，列为淋溶土土纲中的一个土类；在中国土壤系统分类中，属冷冻湿润雏形土；在美国土壤系统分类中，相当于冷冻暗色始成土和冷冻淡色始成土；在联合国世界土壤图图例中，相当于永冻雏形土土壤单元。

◆ **分布**

棕色针叶林土主要分布于亚洲东北部和北美洲西北部的原始针叶林区。中国大兴安岭北段与伊勒呼里山脉交汇的中山台原冻土区、新疆的阿尔泰山阴坡 1800～2400 米、东北长白山的 1100～1800 米、张广才岭的 900～1500 米、小兴安岭的 800 米以上和完达山主峰的 600 米以上均有分布。亦分布于中国南部山地垂直带谱中暗棕壤土带的上部，如四川、甘肃山地（2600～3600 米），滇北山地（3000～4200 米），横断山脉北部高山峡谷区（3300～3900 米），西藏南部林区（3300～4000 米）。

◆ **成土条件**

棕色针叶林土区属寒温带湿润区季风气候，特点是气温低，湿度大，降水量偏少，风速较小，蒸发力弱，积雪期、冰冻期长，无霜期短。年平均气温 -3～5℃，≥10℃有效积温 1300～1800℃·日。气温日较差大，平均 15℃ 左右，极端最高气温在 35℃ 以上，极端最低气温低于 -50℃。7 月各旬及平均温度均低于 20℃。因此，基本无夏季。降水较少，年平均降水量＜500 毫米，地温很低，土壤冻结深，厚度 3 米以上，冻结时

间长达 8～10 个月之久，除山区向阳陡坡外，均有永久冻土层。植物
生长期短，一般不足 3 个月，无霜期 80～95 天，降水有 60%～80%
集中在夏季。植被种类稀少，林相单□，森林建群树种为落叶松，大兴
安岭北部和俄罗斯远东地区干旱阳坡有樟子松林分布。林下木及林下草
的种属不多，苔藓为林下的主要活地被层。山地和丘陵地形，成土母质
为各类岩石风化的残积物和坡积物，因气候严寒，寒冻风化盛行，使成
土母质更为疏松，近代冰川遗迹亦多见。

◆ 成土过程

棕色针叶林土是在寒温带针叶林下和上述土壤形成条件的综合影响
下形成的。其形成过程特点包括针叶林下毡状凋落物层的半泥炭化过程、
酸性淋溶过程和活性铁铝向表层聚积过程。在亚类的形成中有时附加有
潜育化过程和由于加强了酸性淋溶过程而产生了灰化过程。

表层酸性泥炭化物质累积过程。由松针及苔藓残体组成的枯枝落叶
层，由于温度低，湿度大，分解缓慢而不完全，在土壤表层逐渐累积形
成强酸性的泥炭化粗腐殖质层，含丰富的活性有机酸，为铁、铝等元素
的螯合作用创造了条件。

土壤中三二氧化物回流表土积聚过程。在短暂的夏季，水热同步，
地面温度骤增，土壤水分含量亦高，土壤中三二氧化物在粗腐殖质层酸
性有机酸的作用下螯合活化。首先是表层（0～10 厘米）活性 R_2O_3 的
含量增加，并淋洗到冰冻层上部（30 厘米）。秋季（9 月初）地面温度
骤降到 0℃ 以下，地表开始结冻，这时土中温度高于地面温度。上下土
层的温度梯度、水势梯度引起汽化水上升，并随着冻层温度的继续下降，

引起下面含有可溶性（活性）铁、铝等化合物的毛管水向冻层流动，以致大量的水分在上部土层中积聚冻结，可溶性铁、铝、锰等化合物因冻结脱水析出，成为稳定的铁、铝、锰等化合物积聚在土壤表层，使土壤染成棕色，并因冻结而脱水累积于土壤表层，部分水溶性的有机铁、铝螯合物在向上回流过程中因石块冷冻，逐渐脱水淀附于石块底面，使土体中的石块底面附着大量暗色（暗褐至深咖啡色）胶膜。暗色胶膜含多量有机质和铁、铝氧化物，还有一定数量的钾、钠。二氧化硅亦大量淀附于石块底面，尤以下层为最多。

◆ **基本性状**

棕色针叶林土的形态特征：①枯枝落叶层。由松针及苔藓残体组成，向下过渡为泥炭化的粗腐殖质层，厚 5 ～ 10 厘米，呈毡状或层状，酸度高（pH 为 5.0 ～ 4.0），含多量亚铁。②表土层。色暗，富含有机质，酸度高（pH 为 4.5 左右），并有一定量有机络合的 R_2O_3 在此层附着，微量粒状 - 屑粒状结构，砾质壤土，厚度 10 ～ 20 厘米。③过渡层。厚 20 ～ 30 厘米，棕色，砾质壤土，一般无结构。由于多量有机物络合的 R_2O_3 脱水后在此层淀积，土壤和砾石表面可见咖啡色、褐色络合物胶膜。④淀积层。厚度变化较大，一般为 10 ～ 30 厘米，黄棕色（10YR7/6），为核块状结构，较紧实，根极少。土层薄处，含有大量砾石，层内或砾石面上可见铁锰和腐殖质胶膜及二氧化硅粉末，该层一般淀积现象不明显。⑤母质层。由寒冻风化的碎砾组成。以石块为主，在石块底面，大都可见铁锰和腐殖质胶膜。母质多为花岗岩及石英粗面岩的风化物，质地粗糙，酸性反应。

◆ **理化性质**

棕色针叶林土的理化性质：①土壤冷冻，湿度高，有机质分解缓慢，表土积累泥炭化物质和腐殖质，胡敏酸/富啡酸＜1。②土层浅薄，粗骨性，全剖面一般不足50厘米。从上到下由暗棕色渐变为棕或浅棕色（2.5YR～10YR），分层不明显，发育程度差。③土壤强酸性。pH＜5.0，盐基不饱和，融冻后表土层常处于潮湿或过湿状态，全剖面含多量二价铁离子，活性炭、铝在矿质表层亦有一定的积累。

◆ **主要亚类**

棕色针叶林土依据成土条件、成土过程、剖面形态、理化性质和肥力特性等的差异，可续分为四个亚类：①典型针叶林土。棕色针叶林土土类的典型代表。形成过程、剖面形态、理化性质和形成条件与土类相同。在棕色针叶林土的各亚类中分布面积较大，可分布于各个坡向，坡位多在山的中部、中上部至顶部，为本土类中分布面积较大的亚类之一。②生草棕色针叶林土。分布于山坡排水良好处，一般为原始棕色针叶林土和火烧迹地上自然恢复森林（幼林或中龄林）后形成。火烧后地温增高，有机质矿质化，土壤肥力提高，由于立木较稀疏，林下草本植物得以生长。③表潜棕色针叶林土。形成过程是在土类的形成过程中附加了一个潜育化过程，在剖面上部有潜育化现象。这是由于分布在山坡下部较平缓的地形部位，季节性冻层和永冻层较发育，毡状凋落层之下水分较多，进行着氧化还原过程，产生具有灰蓝色和铁锈色斑块的层次，此亚类主要分布在杜香－落叶松林下，面积较小。④灰化棕色针叶林土。

形成过程是在棕色针叶林土土类的形成过程中，加强了酸性淋溶作用，产生了灰化过程。代换性盐基被淋溶得更多，盐基饱和度最低，甚至土壤胶体遭到破坏，二氧化硅粉末的含量在淋溶层中较多，形成了灰白色的层次，即灰化层。在其下有明显的暗棕色或黄棕色的淀积层。此亚类主要分布于山坡排水良好处，下渗水流能顺坡面下移，大都无淀积层。植被主要为杜鹃－落叶松林或杜鹃－樟子松林。

◆ 利用改良

从棕色针叶林土的养分贮量看，具有一定的土壤肥力，但由于分布在山地，地势起伏，土壤酸性大，活性铁铝多，土层浅薄，石砾含量大，气候冷湿等因素，使其潜在肥力难以充分发挥。因此，总的看来，此类土壤的生产力不高。针叶林的原始林区最适宜发展林业，但适生树种有限，最好选用耐寒、耐湿、抗逆性强（包括抗风能力）和根系发达的树种。如落叶松、云杉、冷杉等。阳坡和半阳坡还需选用耐旱和耐寒能力强的树种，如樟子松。

除发展林业外，林间空地、火烧迹地的较平坦、土层肥厚之处，条件允许也可适当种植些粮食作物和蔬菜作物。在针叶林下生长着多种药用植物、食用菌和其他多种用途的植物，都应充分地开发和利用。例如越橘果实可开发生产软饮料或酿酒，杜香可

棕色针叶林土标本

提取天然香精，蘑菇可食用，杜鹃叶可代茶用或提取药用成分。限制棕色针叶林土林木生长与土壤生产力的关键因素是过低的地温，因此，应采取提高地温的措施，如垄作、排水、疏伐等均可获得增产效果，坡地林应严格控制采伐，以保持水土。另外，森林火灾不仅给人民的生命财产造成巨大损失，同时烧毁了大面积的森林资源，破坏了生态平衡，也不同程度破坏了土壤的凋落物层、腐殖质层，甚至心土层，在陡坡上可能造成严重水土流失，基岩裸露，对低平处易造成沼泽化的发展，对森林更新极为不利，因此需要特别加强森林防火。

褐　土

褐土是暖温带半湿润气候旱生森林条件下形成的通常具有黏化层和钙积层的土壤。曾称石灰性棕色土、山东棕壤、森林棕钙土，又称褐色森林土。在中国土壤分类暂行草案（1978）和中国第二次土壤普查分类方案（1988）中，被列为半淋溶土纲褐土土类；在中国土壤系统分类（1991）中，被列入硅铝土土纲半干润硅铝土亚纲；在美国土壤系统分类中，根据淀积黏化层的有无，大致相当于半干润淡色始成土、半干润淋溶土和夏旱淋溶土；在联合国世界土壤图图例（1988）中，大致相当于艳色始成土、艳色高活性淋溶土等。

◆ 分布

主要分布于欧洲的地中海沿岸的西班牙、法国南部、意大利、巴尔干半岛、土耳其、非洲北部沿地中海地区；美国加利福尼亚地区；墨西哥西部、智利中部；澳大利亚的西南部、俄罗斯的外高加索、乌克兰的克里木；中亚山地等。在中国，主要分布于北起燕山、太行山山前地带，东抵泰山、沂山山地的西北部和西南部的山前低丘，西至晋东南和陕西关中盆地，南抵秦岭北麓及黄河一线，涉及山西、山东、河北、河南、陕西关中及辽宁西部等地区。

◆ **成土条件**

暖温带半湿润大陆性季风气候，夏季炎热多雨、冬季寒冷干燥，四季分明，年均温 10～14℃，年降水量 500～800 毫米，年蒸发量 1500～2000 毫米，大部分降水集中于 7 月、8 月；≥10℃ 年积温 3200～4500℃·日，干燥度 1.0～1.5。自然植被以中生型落叶阔叶林为主，并有旱生林与灌丛。代表树种有油松、侧柏、栎树、白皮松，灌丛和草类植物有酸枣、荆条、檀子木、黄栌、白草、菅草等。褐土成土母质可以是各类岩石的风化残积物、坡积物、洪积物和第四纪黄土状物质等，但主要发育在富含碳酸盐的母质上，褐土地形条件是低山、丘陵、山前台地和高平地，土壤发育不受地下水影响。

◆ **成土过程**

褐土的主要成土过程一个是碳酸钙的淋溶与淀积，另一个是黏化作用。由于半湿润半干旱季风气候的特点，一方面是降水量小，另一方面是干旱季节较长，原生矿物的风化首先是大量的脱钙过程，在雨季，土中水分的下向移动，土层中的碳酸盐类以溶解的碳酸氢盐形式向下淋溶，到剖面下部干燥处，碱土金属碳酸氢盐脱水，以碳酸盐形式再淀积下来，形成钙积层。在水热条件适宜的相对湿润季节，土体风化强烈，原生矿物不断蚀变，就地风化形成黏粒，致使土壤剖面中下部土层里的黏粒含量明显增多。在频繁干湿交替作用下，发生干缩与湿胀，有利于黏粒悬浮液向下迁移，并在裂隙与孔隙面上淀积，因此出现残积黏化与悬移黏化两种黏化特征。其中残积黏化过程为主，这是因为夏季的高温与高湿同时出现，在土壤的一定深度常能保持相当稳定的土壤温度与湿度，因而有利于土体内的矿物进行原地风化而合成次生黏土矿物和氧化物晶质与非晶质化合物，它是土壤质地变细的物质基础。悬移黏化过程相对比较弱，由于明显的干湿季节变化，形成土体裂隙，黏土矿物在雨季随重力水在结构体面间向下移动，在一定深度由于钙质环境形成的孔隙密度和化学、物理等原因而淀积，这种悬移黏粒往往具有光性定向特征，但土壤结构表面上的黏粒胶膜不明显。碳酸钙和黏粒的淀积深度，一般与其区域的降水量呈正相关。褐土微生物活动旺盛，土壤有机质的矿化作用较强，耕层中的有机质含量不高。

◆ **基本性状**

褐土以具有黏化层而不同于半干旱条件无淋淀黏化过程的栗钙土，又以具有钙积层而不同于淋洗条件较充分而不具钙积层的棕壤。典型褐土剖面性状：腐殖质层一般厚15厘米左右，有机质含量20～30克/千克，呈暗棕色，屑粒状或团块状结构。黏化层有机质含量比腐殖质层明显减少，呈亮棕色，次棱块状或棱块状结构，黏粒含量较腐殖质层有所增加，结构体表面可看到光性定向黏粒胶膜。钙积层碳酸盐含量明显高于腐殖质层和黏化层，多呈白色假菌丝体，或松软粉末或结核，此层结持性强，黏粒含量明显低于黏化层。母质层的性状因母质来源而异。如果为黄土母质，则原黄土物质多有"变性"分异，例如脱钙作用、土体颜色分异、块状结构的形成及植物根系穿插等；如果为基岩风化的残积物，或残积坡积物，则原岩石残片还清晰可辨，而且裂隙中夹有较多的碎屑风化物及细土粒，且多有石灰质积聚，土壤呈中性至微碱性；如果为冲积母质发育的潮褐土，剖面底层往往因受潜水影响而具有因氧化还原作用而形成的锈纹锈斑等特征。

◆ **主要亚类**

根据主导成土过程及附加成土过程所表现的土壤剖面特征，划分出褐土、淋溶褐土、碳酸盐褐土、潮褐土与褐土性土五个亚类。①褐土又称普通褐土或典型褐土。褐土类的典型亚类。成土条件、成土过程和剖面特征与特性同土类的描述。心土为黏化淀积层，剖面下部有钙积层。②淋溶褐土。水分淋溶条件较普通褐土好，通体无石灰性反应，其主要特征是黏化层部位靠下部，全剖面没有碳酸钙出现，或在母质层有少量石灰残余。是褐土向湿润地区棕壤过渡的亚类，生产力较普通褐土高。③碳酸盐褐土，又称石灰性褐土。分布于褐土区西部，水分淋溶条件较普通褐土差，土壤风化的脱钙过程处于初始阶段，碳酸钙在全剖面分异不明显。黏化现象较弱，黏化层不明显。此亚类是向半干旱气候栗钙土过渡的土壤，生产力较差。④潮褐土，又称草甸褐土。褐土向潮土过渡的亚类。主要特征同褐土亚类，只是所处地形部位相对低，雨季剖面下部易受地下水活动影响而具有潴育化现象，可见锈纹、锈斑、铁锰结核等新生体。有机质含量较高，土色较暗，生产力较普通褐土高。⑤褐土性土。褐土剖面中碳酸钙已开始分化脱钙，但尚未形成明显的黏化特征的土壤。土壤广泛分布于褐土区的山丘地段，因为侵蚀的缘故，一直处于褐土发育的初级阶段，母质特征明显，无明显的黏粒移动与淀积，碳酸钙有轻微淋淀现象，土壤养分含量不高。

◆ **利用改良**

褐土区的光热资源比较充足，但水分条件较差，养分供应也明显不足。在土地利用不当，盲目开垦坡地，无水平梯田和顺坡耕作的情况下，每年雨季降水常以地表径流形式流失，不仅加剧土壤干旱，常常还引起肥沃表土的侵蚀，造成土壤肥力急剧退化。解决上述问题的关键是要根据褐土所处的地形部位和土壤性质，因地制宜，合理利用。山区地形坡度较大、土层较薄的褐土，水分养分条件较差，不耐侵蚀，应以发展林业，种植耐旱果树（如枣、柿、核桃、栗、杏），种植牧草，以发展畜牧业为主。河谷地带平缓阶地、山前洪积扇区的褐土，坡度平缓，可以开发为农田，发展粮食和经济作物等。耕种的褐土要特别注意水肥的供

褐土景观

应调节及水土保持，主要措施有修建水平梯田，实行等高耕作，采用耙耱保墒耕作法等。有地下水源的褐土应积极发展灌溉农业，为建设高产稳产农田创造条件。褐土开垦后，有机质及氮素含量迅速降低，因土壤游离碳酸盐含量高，对土壤磷素和铁、锰、铜、锌等微量元素的有效成分，有明显的固定作用。这些会降低褐土的供肥能力。提高肥力的措施是重视施用有机肥料，配合施用氮磷化肥及微量元

素肥料，水肥条件有了保证后，可建成一年两熟或两年三熟的高产稳产农田。

灰褐土

灰褐土是温带、寒温带干旱和半干旱地区山地旱生森林灌丛植被下发育的土壤。20 世纪 30 ～ 40 年代，曾称森林棕钙土、森林栗钙土，又称褐色森林土、灰褐色森林土。在中国土壤分类暂行草案（1978）及中国第二次土壤普查分类方案（1988）中，被列为半淋溶土土纲灰褐土土类；在中国土壤系统分类中，相当于干润始成土或钙积干润均腐土；在美国土壤系统分类中，部分相当于钙积半干润软土、黏淀半干润软土、弱发育暗色始成土；在联合国世界土壤图图例（1988）中，部分相当于弱发育灰色森林土、钙积灰色森林土、腐殖质雏形土单元。

◆ **分布**

在中国主要分布于山西五台山、吕梁山，内蒙古大青山，宁夏贺兰山、六盘山，甘肃的祁连山、兴隆山，青海的青石山、唐古拉山，新疆的天山、帕米尔和西昆仑山等山地的阴坡、半阴坡。分布范围虽广，但总面积不大。

◆ **成土条件及过程**

灰褐土是干旱半干旱山地垂直带中的一种森林土壤，处在褐土地带的西面，多分布在温带干旱、半干旱区高大山体的阴坡、半阴坡，在迎阻潮湿气流的影响下，降水较多，年降水量 300 ～ 600 毫米，年均气温

2 ～ 3℃，≥ 10℃年积温 2000 ～ 2500℃•日，无霜期 120 ～ 130 天，干燥度 1 ～ 1.5，是此区山地水热条件配合最好的地带。植被主要为云杉林，或为针阔混交林，有桦树、山杨、山柳、天山花楸等阔叶树，林下植物有野蔷薇、忍冬、铁线莲、糙苏和苔藓等。地形都为山体的缓坡地，在山地土壤垂直带谱中居于栗钙土、棕钙土、灰钙土、黑垆土之上，而在亚高山草甸土、高山草甸土之下。灰褐土生物累积作用较强，每年森林与草本植物归还土壤相当数量的枯枝落叶，在比较干旱冷凉的特定水热条件下，每年残落物的矿化量不大，大部以腐殖质形式积累在土壤中。灰褐土地表残落物层厚度可达 5 ～ 10 厘米。上部是新近凋落物和苔藓，下部多呈暗褐色半分解的粗腐殖质状态，土壤腐殖质层深达 20 ～ 30 厘米或更厚，由于气候较干燥，灰褐土的钙积作用明显，但钙积作用程度随淋溶作用强度不同而有差异。灰褐土水热状况比较稳定，有助于矿物风化，促进黏化作用，但淋溶作用比褐土弱，黏化作用不如褐土明显，土壤颜色比褐土灰暗，腐殖质积累作用比褐土强一些。

◆ **基本性状**

灰褐土的土壤剖面分化明显，自上而下有枯枝落叶层、腐殖质层、黏化层、钙积层和母质层。腐殖质层厚 20 ～ 30 厘米，黑褐或棕褐色，粒状 - 团块状结构，有机质含量一般在 120 ～ 250 克 / 千克。黏化层通常位于剖面中上部，甚至在腐殖质层下部，暗棕 - 浅褐色，黏粒含量高于其上、下土层，核状或团块状结构。浅色的钙积层大多在 50 ～ 80 厘米以下，色浅，块状结构。

在山地的上部降水量高，淋溶作用也强，土壤中的碳酸钙被淋溶到剖面中部或下部，剖面无石灰反应或底部有微弱的石灰反应，石灰淀积仅见于母质层的石块表面。在剖面的中、下部也可见到不同程度的黏粒淀积，有时在结构表面还可见到铁锰胶膜。随着海拔的降低，降水量减少，淋溶作用相对减弱，土壤中的碳酸钙呈斑点状或假菌丝体淀积；而在下坡或坡麓地带，碳酸钙淋溶较弱，钙积层出现的部位浅而厚。

◆　**主要亚类**

由于成土条件的差异，土壤淋溶程度相差悬殊，根据淋溶程度的强弱，灰褐土分为淋溶灰褐土、石灰性灰褐土和典型灰褐土三个亚类。①淋溶灰褐土。主要分布在气候比较湿润凉爽的山地高处，降水相对较多，土壤湿润、气温较低。地表枯枝落叶层厚，湿度大，土壤腐殖质层深厚，色暗。表层无游离碳酸盐，钙积层通常出现在 60～80 厘米以下，黏粒含量以剖面中上部最高，黏化现象明显。②石灰性灰褐土。分布在降水较少，干旱化增强的山区，林相稀疏，枯枝落叶层薄，土壤腐殖质层色较淡、较薄。黏粒含量亦以心土层为高。淋溶作用弱，土壤自表层起即有石灰反应，腐殖质层下部即见假菌丝状碳酸钙新生体，钙积层的碳酸钙含量较高，全剖面呈碱性反应。③典型灰褐土。分布于山地的中部，有机质含量和淋溶程度都介于淋溶灰褐土和石灰性灰褐土两者之间。

◆　**利用改良**

灰褐土是干旱山区以林为主、林牧结合的重要土壤资源。由于灰褐土分布于垂直带上，气候条件差异较大，故在利用上各亚类也有明显差异。淋溶灰褐土适宜利用，但多年来由于人为的破坏，自然森林基本砍光，仅有次生林木。应封山育林，大力营造针叶林或阔叶林，不断恢复自然植被，防止水土流失，改变环境条件。典型灰褐土发展方向以林为主，林牧结合，要大力营造阔叶林及灌木林，合理利用和保护自然植被，提高植被覆盖度。石灰性灰褐土是与水平地带土壤相接壤的一个亚类。发展方向应以林牧为主，农林牧结合。耕地要实行粮草轮作，增施有机肥料，合理使用化肥，不断提高土壤肥力。要合理放牧，防止草场退化和水土流失。

黑　土

黑土是温带湿润、半湿润地区，草原化草甸植被下形成的具有深厚腐殖质层的土壤。曾称退化黑钙土、变质黑钙土、淋溶黑钙土、灰化黑钙土、黑钙土型草甸土、湿草原土和暗色草甸土等。

◆ 沿革

在中国第一次土壤普查（1958）中，采用农民的常用名黑土；在中国土壤分类系统（草案，1963）中，将黑土和黑钙土分为两个独立的土类；在中国土壤分类（1978）中，列入半水成土纲的黑土土类；在中国第二次土壤普查分类（1988）中，划归均腐殖质土纲的黑土土类；在中国土壤系统分类中，黑土根据其土壤剖面形态和理化性质，可分属于均腐土纲的湿润均腐土亚纲、淋溶土纲的冷凉淋溶土亚纲和雏形土纲的湿润雏形土与寒冻雏形土亚纲；在美国土壤系统分类中，大部分黑土归于软土纲的黏淀冷凉软土、强发育冷凉软土、冷冻冷凉软土、弱发育冷凉软土、黏淀漂白软土等土类，腐殖质层厚度 < 25 厘米的破皮黄黑土、侵蚀黑土和薄层黑土，有黏化淀积层的归入淋溶土纲，没有黏化淀积层

的归属于始成土纲；在联合国世界土壤资源参比基础（WRB，2014）中，视黑土为独立的土类，命名为 Phaeozems，取自希腊文暗黑的（phaios）和俄文土地（zemlja）。

◆ **分布**

黑土主要分布在北美地区的美国、加拿大，南美的乌拉圭、阿根廷以及中国东北地区。中国的黑土主要分布于黑龙江省、吉林省中部及东部的波状起伏台地、三江平原的森林草甸和草甸草原地区。

◆ **成土条件**

温带半湿润型气候，夏季温暖多雨，冬季严寒少雪。年平均温度 -0.5 ～ 5℃，有季节性冻层，冻层深度可达 1.5 ～ 2.0 米，北部地区可达 3 米，≥ 10℃ 年积温为 2100 ～ 2700℃·日。年降水量 450 ～ 600 毫米，干燥度 0.75 ～ 0.90。黑土的成土母质大多是黄土状黏质沉积物，厚度可达 10 ～ 40 米，剖面中无碳酸钙。地下水位深 10 ～ 30 米，矿化度 0.3 ～ 0.7 克 / 升。由于土质较黏重，融冻水和雨季降水难以下渗，形成土壤上层滞水，土壤水分属半冻结周期性淋溶类型。黑土自然植被主要是草原化草甸植物，以中性草本植物为主的杂草类群落，俗称"五花草塘"。岗地间有榛子、柞、刺玫瑰等灌木丛。植物生长繁茂，草高 50 ～ 120 厘米，盖度 100%，根系深达 60 ～ 100 厘米，有机物质积累量高。

◆ **成土过程**

黑土形成过程受黏重母质、季节性冻层、临时性土层滞水和草原化草甸植物的影响，存在着强烈的腐殖质积累过程和轻度滞水还原淋溶过程，夏季温暖多雨，植物生长茂盛；秋末植物枯死遗留大量有机残体，在寒冷而漫长的冬季，难以被微生物分解。春季土壤化冻，微生物开始活动，但融冻水形成的土壤上层滞水使土壤过湿，有机质分解缓慢，有利于腐殖质的形成和积累，全年有机质的积累量超过分解量，产生深厚的土壤腐殖质层。土壤有机质含量随根系分布的变化而逐渐向下减少。多雨季节，土壤水分充足，铁、锰还原迁移，在滞水层中形成较多铁锰结核和锈斑；硅酸盐矿物经水解产生非晶质二氧化硅，呈溶胶状态移动，以白色粉末状聚积于淀积层结构表面，这种作用统称为轻度滞水还原淋溶过程。

黑土开垦后，土壤水热状况改变，不同程度消除了滞水层，土壤通气性改善，吸热性增高，微生物作用加强，有机质分解加快，养分元素释放较多，土壤有效肥力提高，土壤熟化过程发展。

◆ **基本性状**

典型的黑土剖面可划分为腐殖质层、过渡层、淀积层和母质层。腐殖质层也称黑土层，暗灰或灰黑色。厚度一般为 30～70 厘米，深厚的可达 1.5 米左右，浅薄的不足 30 厘米，粒状乃至团粒状结构，水稳性较强。耕地中在耕作层之下出现犁底层，较紧实致密。过渡层颜色为黑黄掺杂，较黏而紧密，核粒状结构，向下为棱块状黏重紧实的淀积层，结构体表面有白色二氧化硅粉末，多铁锰结核，在淀积层和母质层还可见到黄色锈斑、胶膜和灰色斑纹。全剖面无石灰反应。黑土的质地大多为黏壤土至轻黏土，淀积层和母质层较上部黏重。土壤容重 0.8～1.5 克 / 厘米^3，自表层向下逐渐增大。总孔隙度 50% 左右，上部较大（60%～68%），下部淀积层较小（43% ～ 46%）。土壤持水量大，而透水性小。夏秋多雨，土壤内排水困难，不利于田间耕作和机械作业，影响作物收割和产量。黑土的黏土矿物以水云母和蒙脱石为主，分别占 26% 左右，有少量绿泥石、高岭石、针铁矿和非晶质水化氧化物。黏粒硅铝率为 3.8 ～ 4.6，硅铁铝率 2.6 ～ 2.8。黑土有机质含量一般为 30 ～ 60 克 / 千克，高者可达 150 克 / 千克左右，腐殖质组成以胡敏酸为主，胡敏酸 / 富啡酸为 1.6，高的可达 2.0 以上，耕地胡敏酸 / 富啡酸为 1.1 ～ 1.5。土壤薄片观察可见，黑土微结构呈海绵状、结构垒结疏松，多树枝状孔隙。黑土潜在肥力高，全氮量 2 ～ 5 克 / 千克，全磷量 1 ～ 3 克 / 千克，全钾含量 24 ～ 27 克 / 千克。氮、磷均以有机形态为主，分别占其全量的 95% 及 58% ～ 77%。黑土的交换性阳离子以钙、镁为主，交换量可达 30 ～ 45 厘摩 / 千克，保肥能力较强。盐基饱和度一般为 80% ～ 90%，南部黑土高于北部，土壤呈中性至微酸性反应，pH 为 5.7 ～ 6.8。

◆ **主要亚类**

黑土分为普通黑土、草甸黑土、表潜黑土和白浆化黑土四个亚类。①普通黑土。位于丘岗缓坡地中上部，地表排水较好，土壤水分适中，具有本土类的典型特征。②草甸黑土。位于丘岗缓坡的下部或地势平缓之处，土壤水分较多，是向草甸土过度的亚类，植被中出现喜湿植物（如大叶樟、细叶地榆、薹草等）。腐殖质层深厚（70 ～ 100 厘米），腐殖质含量多，可达 50 ～ 100 克 / 千克。暗灰至灰黑色，无舌状下伸，剖面下部多铁锰结核、锈斑。土温较低，物质转化较慢、夏秋耕作易受湿涝之害。③表潜黑土。多分布在丘岗间低洼地，是黑土与沼泽土之间的过渡类型，当地农民称水岗地或朽泥岗，土质黏重，地表排水和土壤内排水都不好，亚表层呈铁锈色，显潜育化特征。④白浆化黑土。分布在黑土与白浆土之间，在30厘米左右厚的腐殖质层下部淀积层之间有灰白色的白浆化土层。

◆ **利用改良**

黑土是中国东北重要的农业土壤，重要的商品粮、豆基地，耕垦历史短，多实行一年一熟制，适种春小麦、玉米、大豆、谷子、马铃薯、甜菜等旱作物，地形低平有水源处也可辟为水稻田。因地形平缓，土地连片，适于大型机械耕作。

要保持和提高黑土肥力，需根据土地条件，因地制宜，合理安排和调整农、林、牧用地。对平缓黑土上的农田，应实行粮、豆轮作、套种牧草、绿肥，合理施肥；开展保护性耕作措施，等高种植，保持水土，培养肥力。

黑土景观

对地形较陡的坡地宜营造防护林带，治坡治沟，种植牧草，发展畜牧业。

灰色森林土

灰色森林土是发育在温带森林草原植被下具有深厚腐殖质层和明显二氧化硅淀积层的半淋溶型土壤，又称灰黑土。在中国第一次土壤普查

时，称灰黑土类；在中国土壤分类（1978）和中国第二次土壤普查分类
方案（1988）中，被列为淋溶土纲灰色森林土土类；在《中国土壤系统
分类》中，归属湿润雏形土、湿润均腐土或冷凉淋溶土；在美国土壤系
统分类中，大致相当于黏化冷凉软土、潮湿软土；在联合国世界土壤图
图例（1988）中，大致相当于灰黑土集合土类。

◆ 分布

全球灰色森林土主要分布在俄罗斯，美国北部、加拿大、罗马尼亚、
保加利亚等国也有分布。中国主要分布在北起大兴安岭中段，中部海拔
300～1100米，上与棕色针叶林土相接，向西与黑钙土毗连；大兴安
岭南部海拔1200～1900米，上接山地草甸土，下与淋溶黑钙土呈复区
分布；南至七老图山地；在西部的阴山山地也有零星分布，常常与灰褐
土、淋溶灰褐土构成垂直带谱。新疆阿尔泰山、萨吾尔山及巴尔鲁克山
等山地垂直带中也有分布。

◆ 成土条件

灰色森林土的分布区域较广，其北部与寒温带接壤，南部又近于暖
温带，自然跨度较大，成土条件比较复杂。气候属于温带湿润、半湿润
地区大陆性季风气候。冬季长达6个月，平均气温为-20℃，冻层厚1.5
米左右；年均温为-2～4℃；≥10℃的年积温1400～1900℃·日。
年降水400～510毫米，约70%降水集中在6～8月，无霜期为
65～95天。植被为森林草原，介于针阔混交林带与草原带之间，自然
植被在大兴安岭以白桦、山杨为主，混有兴安落叶松、黑桦、柞树。在

新疆阿尔泰山和准噶尔盆地以西山地,则以西伯利亚落叶松和云杉为主。

◆ 成土过程

灰色森林土在森林与草原植被交互作用下形成的,具有森林土壤的淋溶和黏化过程,义有草原土壤的腐殖质累积过程。由于森林枯枝落叶和草本植物残落物累积较多,而气候比较冷凉,微生物分解作用受一定限制,故形成深厚的腐殖质层,以表层含量最高,沿土壤剖面向深处缓慢减少,具有明显的草原土壤腐殖质累积特征。虽在森林覆盖下,仍有较深的季节性冻层,融冻水增加土体含水量。雨季下行土壤水流可引起较强的淋溶作用,碳酸钙全部淋溶出土体,交换性盐基淋溶较弱,这与阔叶林及草本植物归还矿质元素有关,土壤呈微酸性反应,黏粒轻度淋移,产生轻度黏化作用,在频繁干湿交替及土壤溶液冰冻后,则形成氧化还原特征,并析出二氧化硅粉末淀积于土壤结构面上,硅粉在剖面中下部淀积是灰色森林土区别于其他森林土壤的主要标志。

◆ 基本性状

灰色森林土的枯枝落叶层厚2～4厘米,由木本植物凋落物和草本植物残体组成,半分解凋落物上有白色菌丝体。腐殖质层厚30～50厘米,厚者达70厘米,暗棕灰色,团粒或粒状结构,下部结构体表面有白色二氧化硅粉末。常见填土动物穴,向下过渡较明显。淀积层厚20～40厘米,暗棕色,含小铁子,核状结构,结构体表面有杂色铁质胶膜和多量二氧化硅粉末。母质层为灰棕色石质土层,其间夹有少量壤土,石砾表面常见铁锰胶膜,绝大部分无碳酸盐聚积。

质地一般为沙壤土到壤黏土。土壤剖面中粒级分布有一定的变化，剖面中部黏粒有增加的趋势，黏粒淀积层高于腐殖质层和母质层，属弱黏化。表土层多为粒状或屑粒状结构，土壤容重一般在 1.35 ～ 1.45 克 / 厘米 ^{3}，总孔隙度 55% ～ 60%。心土层容重增加，孔隙度降低，常年土体水分状况良好，自然含水量表层一般在 45% 以上。土壤呈微酸性反应，交换性盐基以钙、镁为主。黏土矿物以水云母为主，还有高岭石、蛭石及蒙脱石，土壤肥力水平较高，适于各种林木生长。

◆ **主要亚类**

根据腐殖化程度的强弱，灰色森林土分为两类。①暗灰色森林土。气候湿润冷凉，生物积累量大，腐殖层厚度 50 ～ 70 厘米，其表层有机质含量一般不到 60 克 / 千克，土壤呈弱酸性，pH 在 6.0 ～ 6.5，淀积层发育不明显，土壤的物质淋溶作用较弱。剖面中下部具有良好的团粒结构，结构表面二氧化硅粉末较少。林相稀疏，养分丰富，自然肥力较高。②淡灰色森林土。气候较干燥，腐殖层较薄（30 ～ 50 厘米），表层腐殖质含量 13 ～ 40 克 / 千克，淋溶作用较弱，中性反应，底层有时有少量碳酸钙淀积。

◆ **利用改良**

灰色森林土土体深厚，土壤养分状况优良，土质肥沃，但因处于山地，坡度较大，土壤环境冷湿，绝大部分为林地和荒山宜林地，灰色森林土的利用方向应以林业为主。灰色森林土分布范围广，自然、社会条件均有所不同，不同的地域存在的问题以及改良利用措施也不尽一致。

大兴安岭中部的灰色森林土，很多地方原为针阔混交林，经采伐已成为次生阔叶林，海拔 1000 米以上保存完好，但林分结构单一，大多处于自然演替之中，可将这些地段人工植入针叶树种，营造具有较高经济价值的针阔混交林。此区海拔 900～1000 米，阔叶林分布于山体阴坡，呈不连续岛状分布，往西则与林缘农作区毗邻，其下部的黑钙土已经大面积开垦，因此此部分岛状林对于林缘农区生态环境保护有相当重要的作用，应该封育保护。大兴安岭南部灰色森林土区是此地区主要的林区，对天然次生林要做好抚育更新，坚持封育，大力营造人工林；对于发育于风积砂母质上的灰色森林土，要特别注意森林的保护和恢复。至于分布在阴山山地的灰色森林土区是此地区仅存不多的森林，对于涵养水源保持水土具有重要意义，应予以严格的保护。

灰色森林土应严禁开荒和过度放牧，对已经开垦的耕地要有计划地退耕还林、还草，恢复原有的景观。暂不能退耕的地方一定要加强水土保持措施，治理水土流失。

黑钙土

黑钙土是温带半干润气候地区草原植被条件下形成的，表层具有深厚腐殖质层、下部具有钙积层或石灰反应的土壤。在中国土壤系统分类中为均腐土纲，半干润均腐土亚纲；在美国土壤系统分类中，黑钙土属于软土纲的多种类型：冷冻性冷凉软土、黏化冷冻软土、钙化冷凉软土、黏化半干润软土、弱发育半干润软土、钙质半干润软土等。

黑钙土名字源于俄语黑色的土地（чернозем）。早在 1763 年，俄国科学家 M.B. 罗蒙诺索夫于科学文献中提出此名称，继由俄国土壤学家 V.V. 道库恰耶夫列入他于 1886 年制定的土壤分类体系中。之后，世界许多国家的土壤分类中均应用"黑钙土"名称。中国自 20 世纪 30 年代以来，一直使用"黑钙土"名称；在联合国世界土壤图图例（1988）中，有"黑钙土"集合土类；在中国第一次土壤普查分类（1958）中曾一度改称为"石灰性黑土""火性黑土"（土类）；在中国土壤分类暂行草案（1978）及中国第二次土壤普查土壤分类方案（1988）中，又恢复"黑钙土"（土类）名称。

◆ 分布

黑钙土广泛分布于欧亚大陆温带草原地区，在俄罗斯、乌克兰、哈萨克斯坦的面积尤大，在北美大陆中部草原呈南北带状分布于美国及加拿大境内。中国的黑钙土主要分布于东北地区西部及内蒙古东部，特别是大兴安岭东西两侧、松嫩平原中部、松辽分水岭地区，以及向西延伸到燕山北坡和阴山山地的垂直带谱上。在新疆昭苏盆地、华北的燕山北麓、甘肃祁连山脉东部的北坡、青海东部山地、新疆天山北坡及阿尔泰山南坡等地的山地土壤垂直带中也有分布。

◆ 形成条件

黑钙土地区冬季寒冷，夏季温和。年平均气温 -3 ～ 3℃，7 月平均气温为 20 ～ 22℃，1 月平均气温为 -28 ～ -13℃。≥ 10℃ 积温 1600 ～ 3000℃·日，土壤冻结深度超过 1.5 米。年降水量 350 ～ 450 毫米，春季干旱，多风，大部分降水集中在夏季，干燥度 ≥ 1。成土母质有黄土状洪积－冲积物、冰水沉积物、河湖相沉积物，亦有风积物及基岩风化的残积、坡积物。地形为平坦宽阔的平原、高平原、山前台地或河谷盆地。地下水位深 5 ～ 10 米，地下水矿化度 0.7 ～ 0.8 克 / 升。植被类型为旱生杂类草（以针茅、兔毛蒿为主）草原和草甸草原，草层高度一般 15 ～ 20 厘米，高可达 50 厘米，覆盖度 60% ～ 70%。

◆ 形成过程

黑钙土存在明显的腐殖质积累和碳酸钙淋溶淀积过程。其植被为具有旱生特点的草原，草原植物根系分布虽深，但大部分根系（约占总根量 85%）集中在表层，故有机质也以表层最集中，向下逐渐减少。夏季降水较集中，但整体降水较少，只有钾、钠等可溶盐被充分淋溶，钙、镁的碳酸盐淋滤至一定深度即淀积下来，形成有眼状斑、假菌丝体、碳酸钙结核的钙积层。钙积层的深度与淋溶强度有关，气候愈干旱，其层位离地表愈近，在淋滤作用较弱的干旱区，表层即有石灰反应。在地下水位较高的低平地形部位，伴存草甸化过程，有可溶盐积累。

◆ 基本性状

黑钙土土壤剖面自上而下为腐殖质层、过渡层、钙积层和母质层。腐殖质层，暗灰色或黑色，厚 30 ～ 50 厘米或以上，有机质含量表层可达 50 ～ 80 克 / 千克，少者 20 ～ 30 克 / 千克。腐殖质组成以胡敏酸为主。大部分腐殖质与钙相结合，有利于形成稳定的土壤结构。表层多粒状或团块状结构，一般为沙壤土至黏壤土。过渡层的腐殖质呈舌状向下延伸，颜色较浅，呈石灰性反应。钙积层出现在 50 ～ 90 厘米，多石灰结核以及眼状斑。表层呈中性（pH为7.0～7.5），向下转为碱性（pH为8.0～8.5）。可溶盐已淋失，铁铝氧化物一般不移动。阳离子交换量30～40厘摩/千克，以钙、镁离子为主。土壤黏土矿物有蒙脱石、蛭石和水云母。黑钙土的氮、磷、钾比较丰富。受半干旱气候的影响，春季是土壤水分干燥期，表土层可降到凋萎湿度以下；夏季是湿润期，可达到田间持水量；秋季又进入干旱期，冬季蒸发减少，土壤水分稍有贮存。总体上，土壤常年供水量较少，属非淋溶水分类型。

由于受气候条件的影响，黑钙土表层的腐殖质含量和腐殖质层的厚度，由北往南，或从东向西，有逐渐减少的趋势；而此层中的碳酸钙含量则逐渐增加，钙积层出现的部位也有所上升。

◆ 主要亚类

根据腐殖质积累过程和钙积过程的强度以及草甸化过程、盐渍化过程等附加过程出现的情况，黑钙土分为四个亚类。①淋溶黑钙土。腐殖质层在50厘米以上，在1～1.5米几乎没有石灰反应，有时可能有铁、锰结核。②普通黑钙土，即典型黑钙土。腐殖质层厚30～50厘米；表层呈中性，在0.5～1米有碳酸钙淀积，呈石灰结核或眼状斑。③碳酸盐黑钙土。腐殖质层厚20～30厘米，全剖面有石灰反应，表层碳酸钙含量可达20克/千克，在50厘米左右可增至50～100克/千克甚至更多。风大，干旱，易受风蚀，西部与栗钙土相邻。④草甸黑钙土。分布于河谷阶地，地下水位较高处，腐殖质层厚50厘米以上，腐殖质含量较多（50～80克/千克），质地较黏，下有钙积层，受地下水影响，表层有轻度盐渍化性状，下层有锈斑和铁、锰结核。

◆ 利用改良

黑钙土有机质和养分丰富，潜在肥力较高。但十年九春旱，土壤水分不足，春夏常有大风，夏季多大雨，极易引起风蚀和水蚀。黑钙土适于发展农业和畜牧业，应坚持农、林、牧综合利用的方向。开发农业应选择地形平缓、土层深厚的黑钙土和水分状况较好的草甸黑钙土，且必须配合营造防护林网、等高条植牧草带、等高耕作，以防止水土流失，注意发展灌溉，实行保墒耕作法，施用粪肥，轮作牧草、

黑钙土景观

绿肥，实行用地养地相结合。黑钙土多出现广阔、优质的天然草场，适于发展畜牧业，应注意草场规划和饲草地、饲料地、放牧地建设，合理轮牧，防止过牧引起草场退化和土壤侵蚀。

栗钙土

栗钙土是温带半干旱大陆性气候和草原植被条件下形成的具有栗色腐殖质层和碳酸钙淀积层的土壤。栗钙土名称（栗色过渡型土壤）始见于俄国土壤学家 V.V. 道库恰耶夫 1886 年的土壤分类系统中栗钙土的英译名"kastanozem"，也来自俄文栗色的土地"каштанозем"。中国从 20 世纪 30 年代的土壤分类制到 1988 年第二次全国土壤普查分类制一直采用此名称。在中国土壤系统分类中主要为干润均腐殖土。相当于美

国土壤系统分类中的半干润软土、联合国世界土壤图图例（1988）中的栗钙土集合土类。

◆ **分布**

世界的栗钙土面积约有 1000 万公顷，主要分布于欧亚和北美大陆的温带半干旱和干旱草原地区。北半球的分布呈不连续的环带状；南半球南美洲的大草原和巴塔哥尼亚高原，以及非洲、亚洲西部、大洋洲等地区也有存在。在中国自东北向西南呈弧带状延伸，包括呼伦贝尔高原西部、锡林郭勒高原大部、乌兰察布高原南部和鄂尔多斯高原东部、大兴安岭东南端的低山山地和东南麓丘陵、平原，并分布于阴山、贺兰山、祁连山、阿尔泰山、天山、昆仑山等山地的垂直带谱与山间盆地中，东临黑钙土带，西接棕钙土带，南与黑垆土相连，北部与蒙古、俄罗斯栗钙土相接，是欧亚大陆草原栗钙土的东缘，但因受东南季风气候的影响，与完全受大陆气候影响的欧亚大陆中部的栗钙土有一定程度的差异。

◆ **成土条件**

栗钙土形成于温带半干旱大陆性气候条件下，春季干旱多风，夏季温热而短促，冬季漫长而严寒。年平均温度 -2 ~ 6℃，≥ 10℃ 年积温为 1700 ~ 3000℃·日。年降水量 250 ~ 400 毫米，年际变幅较大，其中 70% 以上集中在 6 ~ 8 月。植被为温带典型干草原，属于典型的旱生、多年生禾本科，其次是菊科、豆科、蔷薇科、藜科等，混生一定数量的中生型或旱生型植物和少量旱生灌木、半灌木，草丛高度 30 厘米左右，总盖度 50% 左右。不同类型草原建群种植物有大针茅、克氏针茅、羊草等，没有草甸草原那样生长茂密，也不像荒漠草原那样稀疏低矮。栗钙土形成于不同的地形条件。既有平原、丘陵、山间盆地，也有低山和剥蚀高平原，但以高原为主。成土母质十分复杂，有不同母岩的残积物、堆积物，也有黄土、风成沙、洪积物及冲积物等，形态特征和理化性质有明显差异。

◆ 成土过程

栗钙土成土过程的特点是中等强度的腐殖质积累过程与元素生物循环过程，以及较强的钙积过程。腐殖质层厚度可达 30～50 厘米，有机质含量大于 2%，植物残体是腐殖质积累的主要来源。在中国，栗钙土上的植被无论是种类、组成、生长高度、覆盖度或产量，都呈从东向西递减趋势。栗钙土的碳酸钙富集过程也相当明显。受降水和蒸发量的制约，栗钙土淋溶过程较弱，土壤中易溶性盐类都从土壤剖面中淋失，游离碳酸盐类一般淋溶到表土 30 厘米以下，形成由碳酸钙呈斑状或菌丝状积聚而成的钙积层，其厚度及碳酸钙含量与母质及成土年龄有关。草原植被下土壤中每年进行的有机分解和合成过程制约着氮与灰分元素的循环过程和土壤的养分特征。

◆ 基本性状

栗钙土的主要特征是土壤剖面上部呈栗色，下部有菌丝状或斑块状或网纹状的钙积层。栗钙土剖面由栗色腐殖质层、紧实的灰白色钙积层和黄色母质层组成，层次间逐步过渡。腐殖质层呈栗色至淡栗色，厚度一般 30～40 厘米，腐殖质含量一般 20～30 克/千克。钙积层厚度 20～40 厘米，灰白色，较紧实，碳酸钙含量一般在 100～200 克/千克。

质地较轻，多为砂质土和粉壤土。黏土矿物以蒙脱石、水云母为主，含少量高岭石。阳离子代换量一般为 10～25 厘摩/千克，土壤溶液大多为钙、镁离子饱和，有时可有少量的钠离子，土壤反应弱碱性到碱性，全剖面 pH 为 7.2～9.0，上部稍低，下部偏高。

◆ **主要亚类**

根据形成条件的差异，主要成土过程的强弱、附加过程的有无，以及剖面形态和土壤属性上的变化，栗钙土可分四个亚类。①暗栗钙土。在栗钙土土类中，本亚类分布的温度较低，降水较多（年均温 -2℃，年降水量 350～400 毫米）。在内蒙古分布在普通栗钙土亚类以东，与黑钙土毗邻。地上地下生物量比普通栗钙土亚类高，钙积层一般出现在剖面 50 厘米以下。②栗钙土，又称普通栗钙土。是最接近中心概念的亚类，性质介于暗栗钙土和淡栗钙土之间。③淡栗钙土。是栗钙土与棕钙土间的过渡亚类，气候更为温暖而干旱，年均温 2～7℃，年降水量 200～300 毫米，具有轻度荒漠化生境特点，植被的生物量比普通栗钙土亚类低。A 层有机质含量 10～20 克/千克。地表常有轻度风蚀沙化特征。钙积层出现部位及石灰质含量均高于其他亚类，时有石化钙积层。石膏及易溶盐在新疆淡栗钙土 C 层（有时 B 层）普遍出现，但东部季风区的淡栗钙土则罕见此特征。④草甸栗钙土。地下潜水 3～4 米，或底土短期水分饱和引起潴育过程。受地下水影响，草类生长茂密，有机质含量较高，钙积层发育微弱，个别地区可能有盐渍化作用。A 层有机质含量 20～50 克/千克，厚 30～50 厘米。钙积层向下界逐渐过渡。

◆ **利用改良**

栗钙土是典型草原植被下发育的草原土壤。由于降水都低于400毫米，且分配不均，6月间土壤极干旱，在利用上适宜发展草地畜牧业，以放牧为主，兼作割草，是中国重要的畜牧业基地。主要问题是由于多年来超载过牧，造成大面积草地严重退化，植被稀疏，草丛低矮，土壤沙化，产草量下降。合理利用保护这一大面积草地资源，经济有效的措施有：围栏休牧，合理轮牧，以草定畜，达畜草平衡。对一些条件较好的牧场可采用耕作措施，改善土壤不良的物理性状，改良牧草品种，适度发展灌溉，适当施用化肥，提高土壤养分水平。

栗钙土景观

暗栗钙土和草甸栗钙土，水肥条件较好，在没有灌溉条件下也可获得一定的收成，因其中绝大多数缺乏保护措施，盲目开垦，粗放经营，故沙化退化严重。为防止风蚀，应发展草田轮作，实行带状种植，营造防护林，增施肥料，走少种高产的道路。

黑垆土

黑垆土是暖温带半干旱草原地区久经耕种的，具有覆盖熟化层段和下垫古腐殖质层段的土壤。相当于美国土壤系统分类中的半干润软土亚纲，与深厚表层的钙积或弱发育半干润软土土类大体相似；在联合国世界土壤图图例（1988）中，大部分相当于人为土。

◆ **分布**

中国黑垆土位于栗钙土带以南和堘土 - 褐土带以北，陕西北部、甘肃中东部、宁夏南部、山西北部和内蒙古的黄土塬地、黄土丘陵和河谷高阶地。常出现在地形平坦、侵蚀较轻的黄土塬区、黄土丘陵区的墚、峁顶部、分水鞍和沟掌处以及河川台地和盆谷高阶地上，是黄土高原地区的主要土类之一。

◆ **成土条件**

黑垆土地区的年平均温度 8 ～ 10℃，1 月均温 -8℃，7 月均温 22 ～ 25℃，≥ 10℃ 的积温在 3000℃·日左右；年降水量 300 ～ 500 毫米，6 ～ 8 月占全年降水量的 60%；年蒸发量 1600 ～ 2400 毫米。耕垦历史久远，天然植被已很少，仅见于田埂、地边和崖坡上，以草原成分为主，有黄花蒿、冷蒿、长芒草、达乌里胡枝子、酸枣、虎榛子、黄刺玫和丁香等。主要作物有小麦、玉米、糜子、谷子、马铃薯。大量施用土粪是黑垆土的特殊成土条件。土粪是黄土和厩肥堆制的农家肥料，其施入量每年平均为 30 吨/公顷以上。其中土约占 70%，厩粪约占 30%，含有机质 20 ～ 60 克/千克，胡敏酸与富啡酸之比为 0.55。

◆ **成土过程**

黑垆土是多元发生的产物，既经历了不同时期的黄土沉积过程，又经历了不同阶段的自然成土过程和人为熟化过程。这些过程的综合表现就是形成双发育层段的特殊剖面构型，即上面的覆盖熟化层段和下垫的古腐殖质钙层土层段。

据研究，古腐殖质层的碳-14年龄主要集中在距今3500～7500年。在此期间这里的全新世气候进入了温湿阶段，黄土的沉积速度减慢，古土壤普遍发育。在当时的半干旱并以蒿属植物为主的草原条件下，古土壤只发育到腐殖质-钙层土阶段。这种古土壤的发生深受黄土岩性，如深厚、疏松、质地均匀和富含石灰等的影响，植物生长繁茂且根系很深，土壤有机质可均匀分布到较深土层中，形成的腐殖质层常深达60～100厘米，但因处于中国暖温带热量较高地区，加之成土母质的通透性良好，在一定程度上又限制了有机物的合成和腐殖质的累积，有机质含量仅10～30克/千克。高温与多雨季节同时出现，一方面有利于原生矿物的分解和次生黏土矿物的形成，并使黑垆土因残积黏化而具有隐黏化特征；另一方面，土壤中水溶性盐类的溶解度提高并随下渗水流迁移，又使明显下移的钙、镁等盐类在剖面下部形成淀积层。约从距今3000年开始，北半球又普遍进入了持续约500年的干冷新冰期阶段。在此期间冷高压系统强化，黄土沉积速度加快，于是在古土壤层段以上形成黄土覆盖层（约20厘米），致使古土壤发育间断。以后，气候又慢慢回暖，人类的耕垦活动也逐渐加强，通过长期耕作和大量施用土粪，一方面使覆盖层逐年加厚（增至40厘米左右）；另一方面使耕层培肥熟化，形成由耕作层、犁底层组成的人为熟化层段。由于大量石灰随黄土和土粪不断加入表土，在人为熟化层段中未见明显的钙积和黏化层形成，但在犁底层仅出现碳酸盐假菌丝或初始阶段的黏粒聚积现象，因而这个层段应是最新形成的人为腐殖质土，它和下部的古土壤构成黑垆土两个不同变更时期的特殊发育层段。在人为影响小的生荒地上也有双发育层段形成，但它是在新黄土覆盖上直接形成的，无人为熟化特征或文化侵入物。

◆ **基本性状**

黑垆土剖面深厚，生物活动强烈，根孔、暗色填土动物穴和蚯蚓粪等可延伸到 3 米以下。在塬地上长期耕种的黑垆土一般由熟化层、古腐殖质层、古石灰淀积层和母质层等组成。熟化层是长期耕作和施用土粪的产物，厚度差异较大，一般为 20～30 厘米，但最厚可达 50 厘米以上，最薄的不足 20 厘米。呈灰棕色，轻壤质，含有炭屑、炉渣和瓦片等文化侵入物。这一层可分为耕层和犁底层。耕层呈强石灰反应，团粒和团块状结构，疏松，犁底层厚 10 厘米以上，碎块状或块状结构，容重大，稍紧实。在孔壁和蚯蚓粪上有少量假菌丝石灰新生体。古腐殖质层（称为黑垆土层），呈暗灰带褐色，厚 50～80 厘米或更厚，质地较黏，物理性黏粒达 40% 左右，黏化现象较明显，块状和拟棱柱状结构，沿结构面、孔壁可见粉状和假菌丝状石灰新生体，下部有少量瘤状和豆状小砂姜。古石灰淀积层厚约 150 厘米，淡棕带黄，轻壤-中壤土，假菌丝状和粉状石灰新生体少，但瘤状和豆状小砂姜较上层多。再下为黄土母质层，淡棕色、轻壤性，结构不明显，有的有少量砂姜。

在理化性质方面，最显著的特点是黑垆土具有深厚的腐殖质层，有机质含量在 10～25 克/千克，一般以古腐殖质层最高，熟化层较低，向下则逐渐减少；在腐殖质中胡敏酸与富啡酸之比常大于 2，与钙结合的比与铁铝结合的腐殖质多 4～10 倍。黑垆土游离碳酸钙遭到一定淋溶，但耕层由于施用含石灰的土粪，含量常比古腐殖质层高，黏粒硅铝率为 3.4～3.6，介于塿土和灰钙土之间，各层次基本一致。黏土矿物以水云母为主，并有少量高岭石和蒙脱石，表明风化和成土过程较弱。

◆ 主要亚类

黑垆土分为典型黑垆土、暗黑垆土、淡黑垆土三个亚类。①典型黑垆土。在中国主要分布在侵蚀轻的黄土塬区，如董志塬、早胜塬、洛川塬、长武塬、邠县（今彬州市）塬等，其主要性状包括上述黑垆土土类的基本属性。②暗黑垆土，又称黑麻垆土。在中国主要分布在六盘山以西、海拔 2000 米以上的高丘平坦处，气温低（年均温 3.8℃），有效降水相对较多，故有机质含量较高。1 米内有机质加权平均值为 20.7 克 / 千克，其中以古腐殖质层最高（22～24 克 / 千克）。碳酸钙有明显的淋淀现象。黏粒含量上下变化不大，仅粉粒（＜0.02 毫米）含量在古腐殖质层有所增高，说明黏化作用很弱。③淡黑垆土，又称轻黑垆土。分布在黑垆土带的最北部，气候比较干燥寒冷，主要发育在砂黄土上，下部常为砂土。有机质含量与质地关系密切，土表至 1 米内有机质加权平均值在 8 克 / 千克上下。根据黏粒和物理性黏粒最高含量深度处于 10～40 厘米判断，覆盖层遭受较强风蚀，故土层薄。碳酸钙含量一般较低，在砂粒含量达 60% 以上的土壤中除表土和钙积层外，皆在 1% 以下。

◆ 利用改良

黑垆土适种小麦，其次为谷子、糜子、高粱、玉米、马铃薯等作物，油菜、胡麻、豆类、荞麦种植面积也广。就地区看，中国西北部以燕麦为多，东南部可种烟草、花生、棉花、大麻等经济作物。蚕桑分布也颇多，还栽培桃、枣、柿子、梨、核桃、葡萄等果树。黑垆土存在的主要问题是春夏干旱明显，缺乏氮、磷养分，存在水土流失。

黑垆土改良的主要措施：①因地制宜合理利用土地，做好水土保持工作。塬区平整土地，培地埂，建设基本农田，截留雨

黑垆土景观

水，防止水土流失。缓坡地采用修筑梯田等高耕作沟垅种植和区田耕作等蓄水保墒措施。陡坡地和沟边应大力种草造林，修地边埂和种植护坡灌木，搞好沟壑水利工程，以防治山洪，固定沟床，拦泥淤沙，变沟壑为川台地。②合理耕作，适当深耕，对黑垆土的蓄水保墒增强抗旱能力有重要作用。③黑垆土有机质含量低，养分不足，故增施有机肥料，配施氮、磷化肥，能显著培肥地力提高农作物产量。

棕钙土

棕钙土是温带干旱气候荒漠草原与草原化荒漠区具有棕色腐殖质层和碳酸钙淀积层的土壤。在俄罗斯称棕色半荒漠土或少量碳酸盐棕色半荒漠土；在美国早期土壤分类中称棕钙土；在中国土壤系统分类中，主

要为钙积正常干旱土；在世界土壤资源参比基础中，称棕钙土（曾称极淡栗钙土）。

◆ **分布**

主要分布于欧亚大陆温带荒漠草原地区，位于栗钙土与漠土之间，从西、北、东三面环绕于漠土外围。北美、南美、非洲、西亚和澳大利亚等地，也有棕钙土分布。在中国的分布范围为内蒙古高原和鄂尔多斯高原的中西部、准噶尔盆地的北部、塔城盆地的外缘，以及中部天山北麓山前洪积扇的上部；狼山、贺兰山、祁连山、天山、准噶尔界山和昆仑山等垂直带也有存在。

◆ **成土过程**

棕钙土的成土过程以草原土壤腐殖质积累作用和钙积作用为主，也有荒漠成土过程的一些特点。地表多砾质化、沙化，并常出现假结皮，附生大量黑色地衣。土壤剖面分化较明显，由浅棕色或褐棕色的腐殖质层（厚 15～30 厘米）和灰白色的钙积层（厚 20～30 厘米）构成。在有盐化作用、碱化作用或石膏积聚作用的土壤中，则出现相应的盐化层、碱化层或石膏层。

◆ **基本性状**

棕钙土腐殖质层呈棕带红色，地表有细砾覆盖，钙积层灰白色，出现深度浅。钙积层碳酸钙含量很高，一般大于 100 克 / 千克，钙积层下即为母质层，有少量碳酸钙淀积，有的还有石膏淀积，具盐化或碱化特征，质地一般为砾质砂土或砂质壤土，黏粒较少。土壤有机质含量较低，pH 为 8.0～9.0，阳离子交换量较低，黏粒矿物以水云母为主，其次为蒙脱石。

◆ **主要亚类**

主要有棕钙土、淡棕钙土、草甸棕钙土、盐化棕钙土、碱化棕钙土和棕钙土性土六个亚类。

◆ **改良利用**

棕钙土地区以畜牧业为主，仅局部地区有灌溉农业。热量条件虽较好，部分地区且可进行复种，但水分条件较差（依靠天然降水一般不能满足作物的需要），土质较粗，土层浅薄，矿质养分含量低；加之春季风大和侵蚀严重，需进行水利建设、营造防风林带，并采取种植绿肥、增施肥料（有机肥料及矿质肥料）等改良措施才能进行农业生产。畜牧业的持续发展，也有赖于地下水源

棕钙土景观

的开发和建立小型分散的人工草料基地。中国新疆北部地区多通过粮食作物与牧草轮作解决饲料问题。

灰钙土

灰钙土是暖温带干旱区荒漠草原植被黄土母质上形成的具有弱发育钙积层的干旱土壤。具有机质积累、碳酸钙淀积作用，有时也有石膏和

可溶盐的淋溶作用。处于黑垆土与灰漠土之间。在中国分布于黄土高原的西北部，鄂尔多斯高原的西缘，贺兰山、罗山及祁连山山麓；河西走廊东段的低山丘陵与河谷阶地；甘肃屈吴山、宁夏香山及牛首山等低山，新疆伊犁河谷两侧的山前平原。腐殖质层灰棕色，地表结皮，有海绵状孔隙。钙积层出现部位较高，碳酸钙含量 150～250 克/千克，有时其下有石膏或可溶性盐的淀积，pH 为 8.0～9.0，阳离子交换量不高。黏粒矿物以水云母为主，夹有少量蒙脱石、绿泥石、蛭石和高岭石。续分为灰钙土、浅灰钙土、草甸灰钙土和盐化灰钙土四个亚类。

灰漠土

灰漠土是温带荒漠边缘黄土状母质发育的具有荒漠特征的土壤，曾称荒漠灰钙土、灰钙土和灰棕漠土。在中国分布于内蒙古河套平原，宁夏银川平原的西北角，新疆准噶尔盆地沙漠两侧的山前倾斜平原、古老洪积平原和剥蚀高原地区，甘肃河西走廊中西段、祁连山的山前平原也有分布。

灰漠土处于棕漠土向灰棕漠土的过渡地带，处于漠境较为湿润的地带。自然条件下极具荒漠特点，不及棕漠土和灰棕漠土典型。年降水量 150～200 毫米，蒸发量 160～220 毫米。年平均气温 5～7℃，较灰棕漠土区低 1.5～2.0℃，较棕漠土区低 6℃。冬季严寒，生长期约 200 天。植被主要为旱生的半灌木和灌木荒漠类型，如琵琶柴等。在春季降水较多的准噶尔盆地有少量早熟禾等春季短生植物出现。植被总覆盖度一般为 10% 左右，最高可达 30%。地面有不同程度风蚀、水蚀痕迹。成土母质在低山丘陵区以坡积残积物为主，平原区以洪积、冲积物以及黄土状沉积物为主。

地表有不规则裂纹，具孔泡结皮层、片状层、紧实层、过渡层或易溶盐－石膏层和母质层等土层序列的干旱土壤。地表有明显的结皮层，下为片状土层，含砾石，碳酸钙除表聚外，还可于 10 ～ 20 厘米以下的紧实层中形成碳酸钙聚积；石膏和盐分聚积在 40 厘米或 60 厘米以下，有的还可出现多层石膏聚积；向下过渡为母质层。通体强烈石灰反应，碳酸钙含量为 50 ～ 200 克 / 千克，以紧实层下部最高。总碱度、易溶盐含量不高，少有盐化、碱化特征。灰漠土表层有机质含量约 10 克 / 千克，三氧化物及黏粒含量也以紧实层最高。

可续分为灰漠土、钙质灰漠土、草甸灰漠土、盐化灰漠土、碱化灰漠土和灌耕灰漠土六个亚类。

灰漠土的特点有：①土层薄、土质轻，缺少黏粒。②土性板结，限制植被根系发育。③有机质含量低，缺乏氮素和植物所需微量元素，磷素有效性低，钾素过剩等。因此，改良目标为：破除板结、提高有机质含量和改良土壤水分物理性状。具体措施有：①合理布局作物。②开展绿

灰漠土标本

肥作物和粮食作物的轮作，或牧养结合。③增施有机肥。④秋季深耕。
⑤合理灌溉。

新积土

新积土是新近冲积、洪积、坡积、塌积、海积或人工堆积而成的土壤，属土质初育土亚纲。在中国土壤系统分类（2001）中，相当于人为新成土、冲积新成土、正常新成土等；在美国土壤系统分类（2014）中，相当于冲积新成土、正常新成土；在联合国世界土壤资源参比基础（WRB，2014）中，相当于冲积土、疏松岩性土。

◆ 沿革

20世纪30年代，美国土壤学家J.梭颇曾在其《中国之土壤》（1936）中提出，石灰性冲积土、中性棕色冲积土等"冲积土"类型属幼稚土壤及新近沉积物类；在中国土壤分类系统中，"新积土"首见于全国第二次土壤普查时拟定的《中国土壤分类系统修订稿》（1984）中；之后，其内涵不断丰富，不仅包括"冲积土"，还包括其他新水力冲积、塌积物和人工堆积物发育的土壤。

◆ 类型与分布

新积土土类分为新积土、冲积土和珊瑚砂土三个亚类。中国新积土总面积429万公顷，主要分布于地势相对低平的地段，如河流两岸的河漫滩、超河漫滩，山麓新洪积扇和坡积裙，山地及丘陵区谷地，沟道两侧或沟坝地。

◆ **形成与性状**

新积土土层厚薄不一，由于成土时间很短，土壤剖面无层次发育，或仅有腐殖质层发育，或因耕作而具有疏松的耕作层，其下即为运积层次明显的土层。基本性质因母质类型和人为活动的影响而异，土壤肥力水平相差很大。

◆ **利用与改良**

新积土利用应因地制宜发展农、林、牧、副业。土层深厚、质地适宜、有灌溉条件的新积土，宜作农田，发展粮、油、菜；受河洪冲塌或淹没威胁的河滩地区，宜结合工程措施，营造防洪护岸林；洪积扇易遭山洪侵蚀或威胁的砾石较多处，宜结合防洪或导洪等措施，挖坑种树，发展经果林；质地砂性或有风沙威胁处，宜于营造防风固沙林；不适宜发展农林的草地，发展畜牧业，合理轮牧；海岛珊瑚砂土除营造热带林木外，在有淡水灌溉条件下可发展蔬菜和瓜果，满足驻岛部队及渔民生活的需要。发展粮、油、经、果的新积土农田应引水

新积土景观

或提水发展灌溉，扩大灌溉面积；采用秸秆还田、多施有机肥、种植绿肥及合理施用化肥等措施提高土壤肥力。

风沙土

风沙土是风成砂性母质发育的初育土，属土质初育土亚纲。在中国土壤系统分类（2001）中，相当于干旱砂质新成土、干润砂质新成土、潮湿砂质新成土、湿润砂质新成土等；在美国土壤系统分类（2014）中，大致相当于砂质新成土；在联合国世界土壤资源参比基础（WRB，2014）中，大致相当于砂性土。

◆ 沿革

美国土壤学家 J. 梭颇曾在其《中国之土壤》（1936）中提出"沙丘"土壤类型，属漠境淡色土壤。在中国土壤分类系统中，"风沙土"名称首次出现于《中国土壤分类暂行草案》（1978）中，是岩成土土纲下的一个土类；全国第二次土壤普查各时期拟定的分类系统中，"风沙土"始终是一个独立的土类。

◆ 类型与分布

风沙土土类划为荒漠风沙土、草原风沙土、草甸风沙土和滨海风沙土四个亚类。中国风沙土总面积达 6753 万公顷，占全国土壤总面积的7.7%，是面积第二大土类。广泛分布于内陆荒漠地带，风蚀沙化严重的草原地区、河湖沿岸及滨海滩地，集中分布于古尔班通古特、塔克拉玛干、库姆达格、腾格里、乌兰察布、库布齐沙漠，毛乌素、科尔沁、海拉尔沙地，柴达木盆地，嫩江及其支流沿岸河滩阶地，黄河下游故道及其现代河漫滩的高滩地，雅鲁藏布江及其支流的河滩阶地，东南沿海滨海滩地。以新疆和内蒙古两自治区面积最大。

◆ **形成与性状**

　　风沙土的成土过程可分为流动、半固定和固定三个阶段。流动阶段土壤剖面无明显分异，呈灰黄或淡黄色，单粒状结构；随着植被覆盖率增加，土壤趋于固定，剖面开始分化：粗砂减少，细砂和物理性黏粒增加，表土变紧，弱块状结构发育，有机质含量增加，地表出现0.5～1厘米的褐色结皮层，下为厚10～30厘米的棕

草甸风沙土景观

色或灰棕色腐殖质层，再下仍为深厚的黄色、淡黄色或灰白色，单粒状结构。风沙土通体砂粒含量极高，黏粒极少。剖面中一般无碳酸钙和易溶性盐的淋溶、淀积，并具有反复堆积的特征。土壤呈微碱性至强碱性反应。

◆ **利用与改良**

　　风沙土利用难度大，利用不当会对生态环境带来恶劣影响，应在加强保护的前提下，根据气候条件、土壤类型和水资源状况，全面规划，分区治理。荒漠风沙土一般不宜开发利用。在荒漠风沙土的边缘地区，当其威胁到外围的绿洲时，则应采取生物、工程、农业等多种措施，防止风沙土的扩大外移。对草原风沙土主要是封沙育草，恢复植被。草甸风沙土分布区地表水资源较为丰富，可以在兴修水利的基础上，建设防

护林网，发展林果业或种植业。在农业利用时，一方面应重视粮草轮作及覆盖、免耕技术的应用，以防止风蚀危害；另一方面应发展耐瘠绿肥，施用有机肥和合理施用化肥，有条件的地方还可引洪灌淤或客土（掺黏土），以改良和培肥原本贫瘠的风沙土。滨海风沙土应以林业利用为主，广泛种植防护林，恢复植被。有条件的地方可以利用风沙土资源发展旅游业。

粗骨土

粗骨土是发育于各种基岩风化残坡积物上的一类砾质初育土，属石质初育土亚纲。在中国土壤系统分类（2001）中，相当于石质湿润正常新成土、石质干润正常新成土、钙质湿润正常新成土等；在美国土壤系统分类（2014）中，相当于正常新成土；在联合国世界土壤资源参比基础（WRB，2014）中，相当于疏松岩性土和薄层土。

◆ 沿革

美国土壤学家 J. 梭颇曾在其《中国之土壤》（1936）中提出山地"粗骨土"类型，属幼稚土壤；中国第二次土壤普查时拟定的《中国土壤分类系统修订稿》（1984）及其后各分类系统均设"粗骨土"土类，属初育土土纲。

◆ 类型与分布

粗骨土土类分为酸性粗骨土、中性粗骨土、钙质粗骨土和硅质岩粗骨土四个亚类。中国粗骨土总面积 2610 万公顷，广泛分布于各地的石质山地与丘陵地面坡度大、强度切割和剥蚀地区。

◆ **形成与性状**

粗骨土地处山丘地区，细粒物质易被淋失，但土层较石质土厚；表土层 10～20 厘米不等，砾质性强；表土层以下即为厚度不等并含多量碎屑物质的风化或半风化母质层，厚度 20～50 厘米不等。表土层和母质层砾石含量超过 35%。表土层有初步的生物积累特征，颜色略深，有机质及全氮含量高于母质层。

粗骨土景观

◆ **利用与改良**

粗骨土生产性能不良，硅质岩粗骨土尤其贫瘠，一般不农用。应根据各地气候、地形及社会经济状况等因地制宜加以治理，在有保护措施的条件下合理利用。宜采取法律和行政手段，严禁乱砍、滥伐、乱垦和刀耕火种，控制水土流失，同时加强封山育林种草，增加地面覆盖，治坡护坡，保持水土，改善生态环境。此外，可应用工程措施，筑坝防洪拦泥，防止沟坡滑塌，沟底下切及溯源侵蚀。对已垦粗骨土，应进行砌墙保土，修筑水平梯地，增厚土层，培肥土壤，等高种植；实行粮草间作，合理耕作与轮作，用养结合，可同时种植名特优等经济作物和药材，改造和利用粗骨土。

紫色土

紫色土是热带、亚热带地区紫色岩风化形成的初育土，属石质初育土亚纲。在中国土壤系统分类（2001）中，相当于紫色湿润雏形土、紫色正常新成土等类型。在美国土壤系统分类（2014）中，相当于湿润始成土、正常新成土；在联合国世界土壤资源参比基础（WRB，2014）中，相当于薄层土、疏松岩性土。

◆ 沿革

20 世纪 30 年代，美国土壤学家 J. 梭颇在其《中国之土壤》（1936）中，已经注意到四川盆地特殊的紫、红紫、紫棕、紫红色土壤。1941 年，在《中国暂行土壤分类表》中，中国土壤学家明确提出了"紫色土"类型，并作为幼年土土纲下的一个土类，其下划分出酸性紫色土、中性紫色土和碱性紫色土三个亚类。除中国土壤分类系统（1950），各时期拟定的全国土壤分类系统均设置"紫色土"土类。

◆ 类型与分布

紫色土土类分为酸性紫色土、中性紫色土和石灰性紫色土三个亚类。中国紫色土总面积 1889 万公顷，在中国南方各省、自治区、直辖市多有分布，以四川盆地面积最大，分布最集中，次为云南、湖南、贵州、广西，其余省、自治区、直辖市面积小，分布零星。

◆ 形成与性状

紫色土的形成过程主要表现为母岩的快速物理崩解和频繁的侵蚀堆积作用。紫色土岩性松软，裂隙发育，极易崩解；处于丘陵和山地区，风化物重力稳定性差，使紫色土不断遭受侵蚀；处于湿热地区，风化成土作用速度快，使土壤物质又能得到迅速补充。物质的频繁更新使紫色土始终处于初期发育阶段，剖面分化微弱，通体紫色。紫色土的紫色不是现代成土过程的产物，而是紫色岩沉积时期古生物气候环境综合作用的结果。由于沉积环境多样，物源各异，紫色岩颜色并非单一的紫色，而是呈紫（P）、红紫（RP）、红（2.5R～10R）、黄红（2.5YR～5YR）等多种颜色。紫色土基本保持母岩的理化性质，

紫色土景观

颗粒组成、酸碱度和碳酸钙含量、交换性能和养分状况等均随母岩所属地层及其岩性不同而有所变化。

◆ **改良利用**

紫色土区水热条件优越，易于耕垦，生产潜力很大，是中国南方重要的旱耕地资源。其主要生态问题是：水土流失严重，从而造成较大面积的薄层、粗骨性土壤，不保水，耐旱性差，干旱威胁大，障碍因素多。

石质土

石质土是岩石风化残积物或次生薄层堆积物发育的一类极薄土层的土壤，属石质初育土亚纲。在中国土壤系统分类（2001）中，相当于石

质湿润正常新成土、石质干润正常新成土、弱盐干旱正常新成土等；在美国土壤系统分类（2014）中，相当于正常新成土；在联合国世界土壤资源参比基础（WRB，2014）中，相当于薄层土。

◆ **沿革**

美国土壤学家 J. 梭颇曾在其《中国之土壤》（1936）中提出漠境石质土类型，属漠境淡色土壤；中国第二次土壤普查时拟定的《中国土壤分类系统修订稿》（1984）及其后各分类系统均设石质土土类。

◆ **类型与分布**

石质土土类分为酸性石质土、中性石质土、钙质石质土和含盐石质土四个亚类。中国石质土总面积 1852 万公顷，广泛分布于侵蚀严重的石质山地和剥蚀残丘，以及丘顶、山脊、山坡等地形陡峻的部位；以西北和华北山区面积较大。

◆ **形成与性状**

石质土是下伏母岩埋藏较浅甚至出露地表的土壤，其发育深受母岩岩性影响，成土过程以物理风化为主；节理发育的母岩更易形成石质土。由于石质土的风化层浅薄，风化度低，风化产物的矿物组成与母岩基本相似。剖面由腐殖质层和基岩层组成，属 A-R 型土壤。A 层厚度一般小于 10 厘米，其中岩石碎屑达 30% ～ 50%，下部为未风化的坚硬母岩，土石界线分明。在局部植被较好的地段，可见 1 ～ 2 厘米厚的凋落物（O）层。

◆ **利用与改良**

石质土水蚀风蚀严重，保水保肥力差，没有农用价值，须进行生态治理。石质土的生态治理应纳入水土保持规划，以封山为主，严禁樵采、过度放牧和盲目采石。根据生物气候条件，选择速生、根浅、冠大、耐旱、耐瘠树种，采用沿等高线挖鱼鳞坑的栽植方法营造水土

石质土景观

保持林，恢复和保护自然植被，减少径流，涵蓄水源，固土保水，控制石质化，改善生态环境，促进土壤发育。在土层逐年增厚的基础上，因地制宜，适当培植经济林木，发展适生名优特产。在交通便利的地方，还可采取保护措施，有组织地开设采石场。

草甸土

在草甸草本植被作用和地下水浸润影响下形成的土壤。在中国土壤分类暂行草案（1978）中，为半水成土纲、草甸土土类；在中国土壤系统分类（2001）中，部分相当于寒冻雏形土；在美国土壤系统分类（1999）中，部分相当于湿润软土、潮湿软土、湿润始成土和潮湿始成土；在世界土壤资源参比基础（WRB，2014）中，部分相当于雏形土的腐殖质雏形土单元和饱和雏形土单元。

◆ 分布

主要分布于中国东北的三江平原、松嫩平原、辽河平原及山区的河

谷和沿河低阶地，内蒙古呼伦贝尔高原的盆地和河谷，新疆的洪积扇缘地下水溢出带和河流低阶地。

◆ **成土条件**

地形低平，地下水位较高。草甸土的成土母质为冲积湖积物和坡积洪积物。地下水位多 1～3 米。自然植被以草甸草本植物为主。由于植被茂盛，归还土壤的生物量较大，微生物分解活动较弱，土壤中腐殖质易积聚。已开垦的草甸土，性质和肥力受人为措施影响深刻。

◆ **成土过程**

草甸土的成土过程：①有机质积累。死亡的草甸植被残体经微生物分解产生腐殖质而胶结土粒，再经根系穿插与干湿和冻融交替作用形成水稳性团粒，故土体上部是结构良好的深厚腐殖质层。②季节性氧化还原。雨季地下水上升，土体中水分接近饱和，铁锰等呈易溶解的还原态随毛管水移动；旱季地下水位下降，失水土层中铁锰呈氧化态淀积，出现锈斑或铁锰结核，形成锈色斑纹层。

◆ **基本性状**

草甸土的基本性状：①剖面由腐殖质层和锈色斑纹层构成，相当于系统分类诊断层中的腐殖质表层和具有氧化还原特征的雏形层。腐殖质层颜色较暗，厚 20～50 厘米，团粒或小团块状结构；锈色斑纹层呈棕色至黄棕色，弱团块状结构，有杂色锈斑和铁锰结核。②质地随成土母质而定，或通体均一，或砂黏相间。③土体呈中性至微酸性，肥力较高，有机质含量较高，表层多约 25 克/千克，高的可达 50～100 克/千克。

④供水能力较强，在半湿润、干旱地区以及滨海地带，地下水矿化度较高，常伴有盐化和碱化特性。

◆ **主要亚类**

按附加成土过程的差异，草甸土可分为六个亚类：①普通草甸土。分布于湿润区，地下水矿化度多小于 0.5 克/升，土壤易溶性盐量低于 1 克/千克，剖面由腐殖质层和斑纹层构成，微酸性至中性，交换性盐基以钙、镁为主。②石灰性草甸土。主要分布于半干旱到干旱区，地下水以碳酸氢盐为主，矿化度较高，土体中钙积作用明显，多通体有石灰反应，常见石灰菌丝或结核，pH 为 8.0～8.5，有机质含量 15～30 克/千克。③白浆化草甸土。主要分布在三江平原中微起伏地形的稍高处，地下水矿化度低，心土层黏紧透水性差，发生白浆化过程，导致腐殖质层下存在浅灰色至灰白色的白浆层，多无结构，有大量锈色斑纹和铁锰结核。通体呈微酸性，较瘠薄，黏紧透水性差。④潜育草甸土。分布于地形低洼处，地下水位 0.5～1 米，土体下部潜育过程明显，呈青灰色。⑤盐化草甸土。从半湿润到干旱区和滨海地带均有分布，地下水水位 1～3 米，矿化度 0.5～10 克/升，伴有盐渍化过程，表层为盐化层，常见盐霜或盐结皮。⑥碱化草甸土。地下水位 2～3 米，地下水为碳酸钠型，矿化度 0.5～3 克/升。腐殖质层下有块状或柱状结构的碱化层，碱化度达 5%～30%，pH 为 8.5～10，板结严重。

◆ **利用改良**

草甸土的改良措施：①对耕作的草甸土，应加强农田基本建设，修建灌排渠系，增施有机肥料和平衡施肥，防止涝害、盐害、洪害。②对未耕作的草甸土，应保护草被，或实行轮牧，或作为保护性的湿地资源。

砂姜黑土

砂姜黑土是发育在第四纪河湖相沉积物上的上部为暗色土层、下部为砂姜层的土壤。在中国土壤分类暂行草案（1978）中和中国第二次土壤普查（1988）时，被列为半水成土纲砂姜黑土土类；在中国土类系统分类（1991）中，被列为潮湿土土纲正常潮湿土亚纲砂姜黑土土类；在中国土壤系统分类（2001）中，划分成钙积潮湿变性土和砂姜潮湿雏形土；在美国土壤系统分类和世界土壤资源参比基础（WRB，2014）中，部分相当于变性土。曾称砂姜土、潜育褐土和青黑土。

◆ **分布**

在中国，主要分布在黄淮海平原南部山东胶莱平原和沂沭河平原、江苏徐淮平原和河南南阳盆地。河北唐山、玉田、丰润和丰南，安徽寿县、长丰和凤阳，湖北枣阳和光化等县也有少量分布。

◆ **形成条件**

地形为平原区低洼地带，成土母质为古河湖相沉积物，湿润－半干润的暖温带过渡气候，自然植被为湿生草本植物，现都已垦为耕地。人类耕作对砂姜黑土的形成起了重要作用。

◆ **成土作用和过程**

形成过程经历两个阶段：①早期的草甸潜育化阶段。最初土体上部受草甸植物生物积累的影响形成黑土层，下部受积水影响形成蓝灰色潜育层。②脱潜育化和旱耕熟化阶段。经数千年耕作和排水降低地下水位，下部土体脱潜出现黄色斑块，黑土层分化为耕作层、犁底层和残留黑土层。脱潜层常含砂姜，分为未硬化的面砂姜、已硬化的刚砂姜和砂姜磐。出现层位分别在 70 厘米、1 米和 3 米左右处。砂姜是地质过程的产物，在干湿交替的气候条件下，地下水中碳酸氢钙经脱水固化而形成。黑土层的年龄为 0.32 万～ 0.70 万年，面砂姜形成于 0.20 万～ 0.62 万年前，刚砂姜形成于 0.36 万～ 2.79 万年前，砂姜磐形成于 1.6 万～ 4.0 万年（甚至大于 4 万年）前。

砂姜黑土景观（左）和剖面（右）

◆ **基本性状**

①黑土层有机质 10 ～ 20 克 / 千克，暗色主要是因为活性腐殖质少而胡敏酸多。②质地黏重，黏粒多高于 300 克 / 千克，黏土矿物以蒙脱石为主，其次是水云母，土体胀缩系数大，干旱季节易开裂成大裂隙，

深度可到 50 厘米。③棱块状结构发育，结构面可见变性土重要特征之一的"滑擦面"。④中性至微碱性，pH 为 7.2 ～ 8.3，游离碳酸钙由上向下增高，无砂姜的上部土体约 10 克 / 千克，有砂姜的下部土体在 50 克 / 千克以上。

◆ **主要亚类**

按附加成土过程分为四个亚类：①普通砂姜黑土。具上述的砂姜黑土典型属性。②盐化砂姜黑土。分布在中国江苏、山东的滨海平原内侧的交接洼地，形成与海水浸渍有关。地下水为 Cl^-—SO_4^{2-}—Na^+—Ca^{2+} 型，矿化度较高（3 ～ 5 克 / 升），旱季地面返盐（以氯化钠为主，硫酸钠次之）。③碱化砂姜黑土。俗称白碱土。零星分布于中国淮北平原颍河以东和山东高密一带，地下水为 HCO_3^-—SO_4^{2-}—Na^+—Mg^{2+} 型。灰白色的碱化表层粗粉粒达 600 ～ 700 克 / 千克，强碱性（pH 为 9 ～ 10），地下水矿化度 0.7 ～ 1.5 克 / 升，盐分 2 ～ 4 克 / 千克，之下土层多小于 1.5 克 / 千克。碱化表层交换性钠 2 ～ 5 厘摩（+）/ 千克，碱化度多大于 40%，无柱状结构。④石灰性砂姜黑土。分布于山东胶莱平原以西、小清河以南及运河以东的交接洼地平原，形成与黄土母质和石灰岩地区地下水质有关。通体强石灰性，表层游离碳酸钙 60 ～ 160 克 / 千克，之下土层为 150 ～ 250 克 / 千克。

◆ **利用改良**

由于砂姜黑土的特点是黏、涝、瘠、薄，过去多是中低产土壤，但地势平坦，水、热资源较丰富，宜种多种粮食作物和经济作物，集中连片，易集中改造和实行机械化，故增产潜力巨大。利用改良主要措施有：①增施有机肥、秸秆还田、深耕和深松，改善土壤结构，提高土壤肥力。②完善农田基础排灌设施，旱涝兼治。③调整种植结构，选择抗旱耐涝的高产品种，科学种植和合理轮作。

林灌草甸土

林灌草甸土是漠境地区和干旱地区平原河流两岸及扇缘地下水溢出带胡杨林下发育的土壤，曾称吐加依土、荒漠胡杨林土、平原林土、荒漠森林草甸土、棕色荒漠林土。在中国第二次土壤普查分类（1988）中，被列为半水成土土纲、林灌草甸土土类；在中国土壤系统分类（2001）中，部分相当于潮湿雏形土或底锈干润雏形土；在美国土壤系统分类（1999）中，大致相当于普通潮湿积盐干旱土或普通含盐潮湿始成土；在联合国世界土壤资源参比基础（WRB，2014）中，大致相当于石灰性雏形土单元。

◆ 分布

主要分布于中国新疆的塔里木河、孔雀河、叶尔羌河、克里雅河、和田河、玛纳斯河和奎屯河中下游的冲积平原和一些洪积扇缘地下水溢出带，甘肃的疏勒河流域和内蒙古的弱水河流域也有分布。

◆ 成土条件

地形为河间冲积平原、河岸阶地，成土母质为河流冲积物或洪积冲积物，局部为风积物。地下水位 1 ～ 5 米，水位不深，矿化度较低。干旱的大陆性气候，年均降水量低于 100 毫米，蒸发量高达 3700 ～ 4000

毫米。植被主要是木本植物的胡杨、灰杨、红柳、梭梭，以及林下草甸植物的芨芨草、芦苇、罗布麻、甘草、拂子茅和獐茅等。土壤深厚，质地较轻，以沙壤、轻壤为主，易溶盐含量不高。

林灌草甸土景观（左）与剖面（右）

◆ 成土作用和过程

成土过程可分三个阶段：①初期阶段。地下水位较浅，土壤水分条件良好，植被由草甸草本向乔灌过渡，群落混生，生长茂密。土壤剖面特征为无明显枯枝落叶层，腐殖质层较薄，土体含盐较低。②中期阶段。乔木密茂生长，林下草类减少，出现明显的枯枝落叶层、腐殖质表层和氧化还原层，腐殖质表层有机质 10 ～ 30 克 / 千克，土体上部易溶盐含量 5 ～ 10 克 / 千克，已含苏打，土壤呈碱性。③后期阶段。地下水位变深，林木因水分不足而衰老变成疏林，灌木及草类也很少生长，漠土化过程加强，地表龟裂，腐殖质含量降低，土色淡，含盐多，有苏打盐化特征。

◆ **基本性状**

①剖面形态特征随发展阶段而不同，中期阶段是本类土壤发育的典型阶段，地表有 3～4 厘米厚的枯枝落叶层；下为 5～10 厘米的半分解暗灰棕粗腐殖质层。再下为土壤腐殖质层，暗灰褐色。有时含白色盐晶，下部直到母质层有潜育化锈斑。②质地一般为沙壤到轻壤，通气透水，地下水位不深，土壤水分状况较好。③有机质和氮的含量尤其在中期阶段较高，土壤富含碳酸钙（150～250 克 / 千克），pH 为 8～9；有轻度盐化特征。

◆ **主要亚类**

根据发育阶段分为三个亚类：①原始林灌草甸土。分布在近河冲积平原或洪积扇缘地下水溢出带附近，地下水位 3 米以内，矿化度低于 1 克 / 升，水分状况好，草甸植物茂密，但腐殖质层较薄，中部以下土体有锈斑，盐碱化不明显。②普通林灌木草甸土。分布距河滩地较远地带，地下水位 3～5 米，矿化度 1～3 克 / 升，乔灌根系仍能从土中吸收水分，生长良好，地表的凋落物增多，土壤腐殖质层厚，有机物含量较高，出现轻度盐渍化，可溶盐超过 1%，碱度增强。③荒漠化林灌草甸土。离河流更远，地下水位 5 米以下，基本脱离地下水影响，向漠土化方向发展，盐分含量和碱化度增大，土表微显龟裂并出现结皮。

◆ **利用改良**

对漠境地区的防风固沙、调节气候和保护生态环境起着重要作用，但多是脆弱的森林生态系统，严禁滥砍滥伐，整修灌水渠道，做好引洪灌溉，确保水源，封山育林，以促进天然更新。

山地草甸土

山地草甸土是发育在平缓山地上部喜湿性草甸植被及草甸灌丛草甸矮林下，具有暗腐殖质表层和氧化还原特征的土壤。在中国土壤分类系统（1978）中，被列为高山土纲山地草甸土类；在中国第二次土壤普查分类方案（1988）中，被列为半水成土纲、山地草甸土土类；在中国土壤系统分类（2001）中，相当于潮湿寒冻雏形土、暗色潮湿雏形土、滞水潜育土；在美国土壤系统分类（1999）中，大致相当于腐殖寒性始成土；在世界土壤资源参比基础（2014）中，大致相当于腐殖质雏形土单元和永冻雏形土单元。又称山地灌丛草甸土。

◆ 分布

山地草甸土主要分布于中国西部、西南及东部的中山区，在青藏高原东侧的云贵高原、秦岭、大巴山、大凉山及其以东地区，在大兴安岭、长白山南段及其以南的中山区均有分布，海拔介于 1000 ～ 3760 米。其分布区域随山地所在地区的生物气候条件、山体高度、植被类型与覆盖度而变化。

◆ 成土条件

山地上部终年气温较低、降水量多、湿度大，有些山地冬季长期积雪，夏季多雾、风大，昼夜水热变化剧烈，适生草甸植被或灌丛草甸植被，如神农架山的山地草甸土主要有野古草、薹草、牦牛儿苗、羊角芹、唐松草等；黄山有拟麦氏草、鼠曲草等；大别山有白茅、野古草、蒜藜芦等，灌木有映山红、百氏柳、尖齿槲栎、川榛等。山坡较陡，或为山顶平缓地，成土母质为各种岩石风化物。

◆ **成土作用和过程**

山地草甸土的成土作用和过程主要有：①有强烈的腐殖质积累过程。由于山顶气候冷湿，冻结期较长，风大，不宜树木生长，而草甸植物则生长繁茂，每年草本植物遗留的植物残体分解缓慢，土壤有机质积累较多，腐殖质层发育良好。②在寒冷湿润气候条件下，岩石物理风化强，矿物化学风化不彻底，故质地较粗，土层较薄。③土壤淋溶作用强，盐基淋失多，呈酸性反应。④表土层以下常年湿度较大，氧化还原特征明显，底部常见铁锰锈斑。

◆ **基本性状**

土体厚度一般约 50 厘米，表土为暗褐色腐殖质层，粒状－团粒状

山地草甸土景观（左）和剖面（右）

结构，淀积层发育微弱，可见锈纹锈斑，土壤较粗，含多量粉粒、砂粒，黏粒含量低，岩石碎屑多，越向下越高。土壤有机质含量高，可达80～160克/千克。黏土矿物以水云母为主，并伴存有高岭石、蛭石。土体一般呈强酸性，pH为4.5～5.7，盐基饱和度一般低于20%。

◆ 利用改良

山地草甸土分布在山顶顶部，面积不大，应维持其相对自然状态，适宜的地方可发展旅游业。应保护生态环境，禁止破坏自然植被，避免生态破坏。

沼泽土

沼泽土是低湿地区沼泽植物下形成的具有潜育层或兼有泥炭层的土壤。中国土壤分类（暂行方案，1978）及中国第二次土壤普查分类（1988）中，被列入水成土土纲沼泽土土类；在中国土壤系统分类（1991）中，被列为潮湿土土纲、常潮湿土亚纲、潜育土土类；在中国土壤系统分类中，为正常的潜育土；在美国土壤系统分类（1999）中，大致相当于潮湿软土、潮湿始成土；在联合国世界土壤资源参比基础（WRB，2014）中，大致相当于潜育土集合土类。

◆ 分布

广泛分布于低湿地区。中国的黑龙江、吉林和四川西北部分布尤为集中。

◆ 主要亚类

按土壤腐殖质或泥炭积累的情况和潜育程度分为四个亚类：①草甸

沼泽土。分布在沼泽的外侧，常见于河滩、阶地及平原低处。地下水在50厘米以内，有周期性短期积水，表层通气较好，草类根系多，有机质以腐殖质形态积累。②腐泥沼泽土。分布于阶地、宽谷、湖泊和旧河道边缘和南方湖荡地区。地面周期性积水，由于水的流动性大，通气条件好，有机残体分解度高，多以有机质含量高的腐泥形态积累在表层。③泥炭腐殖质沼泽土。地面长期积水，仅在干旱年份可能露出水面，表层草根下有 10 ～ 20 厘米的泥炭层，下为腐殖质层。④泥炭沼泽土。地面长期积水和进行泥炭累积过程，泥炭层厚 20 ～ 50 厘米。

◆ **成土条件**

形成主要决定于地形条件和水文状况，多见于山间谷地、平原碟形洼地、封闭或半封闭的盆地、河塘、沿海潟湖、湿润地区的山地马鞍形

沼泽土景观（左）和剖面（右）

部位、山麓凹地等地表水汇集和地下水位高的地区，在潮湿冷凉气候和母质黏重、有冻层的地区分布尤多，发育亦更典型。植被为湿生类型，常见有沙草、薹草、小叶樟、芦苇、灯芯草、空心柳、丛桦、沼柳、越橘、毛赤杨以及藓类等；湖泊滞水沼泽往往是由漂浮植物与蔓延水面的长根植物，如水芹、沼委陵菜、三叶睡菜等构成漂浮植物毡。母质大都是各种沉积物，冷凉山区也常发育于残积母质。

◆ **成土作用和成土过程**

①粗腐殖质泥炭积累过程。湿生植物生长茂盛，植物死亡后，由于土壤积水和低温，植物残体分解缓慢而不彻底，大多以粗腐殖质、泥炭化物质的形式积累。②潜育化过程。在土壤积水和缺氧条件下进行，雨季土壤中高价氧化铁、锰转变为易溶的亚铁、亚锰状态，部分随地下水流出土体，部分留在潜育层内。旱季下层的部分水分沿毛管上升到土壤上部，在通气好的条件下将所含的亚铁、亚锰又氧化为高价铁、锰氢氧化物，呈锈色斑块、条纹和结核沉淀出来。潜育层在长期浸水状态下呈高度还原态，铁、锰、碱金属及部分碱土金属元素被淋失。

◆ **基本性状**

①典型的沼泽土长期积水，表层是黄褐色的初分解有机质层，含有处于不同分解阶段的根、茎、叶组织；下为较厚的强烈分解的暗色—暗棕色泥炭层，再下为潜育层，黏紧，无结构，无根系和小动物，有机质含量低，强还原性，铁、锰元素受淋溶，淡蓝灰色，常带硫化氢臭气，pH接近中性。②沼泽土水量高，在嫌气还原条件下，有效养分低，只适于沼泽植物生长。

◆ **利用改良**

历史上在"以粮为纲"的背景下，中国很多地区的沼泽土大量地被不当开垦为耕地。之后随着中国农业发展和全民生态环境保护意识的提高，沼泽土不仅已被各地区看作调节区域气候的"天然空调"，也通过改善交通条件和完善合理的服务配套设施，作为生态旅游观光的宝贵湿地资源加以利用。

泥炭土

泥炭土是潮湿条件下形成的具有厚泥炭层（有机质含量 ≥ 200 克 / 千克）的土壤。中国土壤分类表（1950）中，被列入隐域土纲水成土亚纲湿土土类，中国土壤分类表（暂拟，1954）中，被列为沼泽土土类；中国第一次土壤普查（1961）中，被列为下湿土土类、草炭土亚类；中国土壤分类暂行草案（1978）和中国第二次土壤普查分类（1988）中，被列为水成土纲、泥炭土土类；在中国土壤系统分类（2001）中，相当于正常有机土；在美国土壤系统分类（1999）中，相当于有机土土纲；在联合国世界土壤资源参比基础（WRB，2014）中，相当于有机土集合土类。

◆ **分布**

分布于低洼地、河塘、山地沼泽土地区。如中国青藏高原、黑龙江省和吉林省以及四川省的松潘等地。

◆ **成土过程**

发育阶段如下：①低位泥炭阶段。在沼泽土的基础上，早期不断接受周围高处地表水流带来的矿质颗粒和养分,生长营养丰富沼泽植物(如薹草、莎草、沼柳、芦苇等)。土壤微生物对富营养植物的残体分解较快,积累的泥炭分解度高,灰分及养分高,接近中性,形成低位泥炭土。②高位泥炭阶段。随着泥炭层的逐渐增高,接受周围的矿质颗粒和养分逐渐减少,富营养沼泽植物部分被贫营养沼泽植物(如藓类)代替。土壤微生物对贫营养沼泽植物残体分解差,形成泥炭的分解度低,灰分和养分少,酸度提高。同时泥炭藓在贫营养条件下不断向上生长,下部有机体死亡后变成分解度差、养分少的泥炭。泥炭藓层逐年上升,超出周围泥炭层后形成隆起的丘状,丘状泥炭层完全丧失了与周围地表水和地下水的联系,仅依赖大气降水为其水源,更恶化了泥炭土的养分状况,导致分解度差、贫养分的泥炭加速积累,进入高位泥炭土阶段。

◆ **基本性状**

泥炭土的基本性状有:①泥炭容重小、持水量大、黏着性及可塑性小。低位泥炭植物纤维已完全分解或含量极少,深灰至黑色,容重 0.2 ～ 0.3 克 / 厘米^3,持水量 100% ～ 400%;高位泥炭植物纤维含量高,黄色至黄褐色,容重更小(< 0.1 克 / 厘米^3),持水力更高(1000% ～ 2000%)。②泥炭的有机质高,盐基交换量大。寒冷潮湿地区泥炭的灰分和盐基饱和度低,酸度高;半干旱、干旱和沿海地区泥炭的灰分和盐基饱和度高。低位泥炭的灰分及养分高,呈中性;高位泥炭的灰分及养分低,强酸性。

◆ **主要亚类**

①按泥炭层厚度分为薄层泥炭土(厚度 50 ～ 100 厘米)、中层泥炭土(厚度 100 ～ 200 厘米)和厚层泥炭土(厚度 > 200 厘米)三类。

②按发育阶段分为低位泥炭土、中位泥炭土和高位泥炭土三类。③美国土壤系统分类（1999）中有机土纲根据有机土壤物质的分解度和土壤受水分饱和情况分为落叶性有机土、纤维质有机土、半分解有机土和高分解有机土四个亚纲，之后再根据土壤湿度状况、有机物质的性质和有无含硫层进行续分。联合国世界土壤资源参比基础（2014）中基本采用了美国的分类。④中国土壤系统分类（2001）中有机土土纲分为永冻有机土（200厘米内有永冻层）和正常有机土两个亚纲，再按有机物质的性质和分解程度续分为不同土类。

◆ 利用改良

①泥炭可以用作改良砂质和黏质土壤的有机物料，用以提高土壤有机质和养分含量，增加土壤阳离子交换量，调节土壤酸碱度，改善土壤保水供水能力。②泥炭含有丰富的腐殖酸，与化肥配合制成粒状腐殖酸肥料，提高氮、磷、钾等养分的利用率。③泥炭土由于容重、持水量大，可作为土壤添加剂、改良剂、土壤覆盖物。④泥炭还可用作花卉营养土，或风干后做燃料。以泥炭土为主的湿地，作为"地球之肾"，与森林、海洋并称为全球三大生态系统，是陆地生态

泥炭土景观

系统中的重要碳库，有机碳储量大、密度高，单位面积碳储量在各类陆地生态系统中最高，在调节区域环境、缓解全球气候变化方面具有重要作用。随着《中华人民共和国湿地保护法》（2022 年 6 月 1 日起施行）的开始实施，泥炭土将进一步作为湿地而加强保护力度。

碱　土

碱土是表土可溶盐含量小于 5 克 / 千克、交换性钠占阳离子交换量 30% 以上、pH=9 以上的土壤。在中国土壤分类暂行草案（1978）及中国第二次土壤普查（1988）中，被列为盐成土纲碱土土类；在中国土壤系统分类（2001）中，被列为碱积盐成土；在美国土壤系统分类中，部分相当于各土纲中具有钠质特性的土类；在联合国世界土壤资源参比基础（2014）中，部分相当于碱土。

◆ 分布

主要分布于世界各大洲的内陆干旱、半干旱地区，常与盐土相伴存在。以斑块状零星分布于中国的内蒙古高原、松嫩平原、黄淮海平原、准噶尔盆地和塔里木盆地，黄河河套平原、黑河流域、阳高和大同盆地及羌塘高原等低洼地带。

◆ 成土条件

分布于干旱、半干旱和漠境地区，蒸发量大于降水量，干湿季节明显，土壤季节性积盐与脱盐频繁。地形为平原和盆地中的洼地边缘的缓平坡地或洼地中微地形高起部位。母质含有较多碱性钠盐或地下水为含有碳酸氢钠和碳酸钠的碱性淡水，pH 在 8.0 以上。

◆ **成土过程**

形成需具备两个条件：①土壤胶体从溶液中吸附大量的钠离子而交换出钙、镁离子。②土壤胶体上交换性钠解吸并产生苏打盐类，出现碱化特征演变为碱土。如母质和地下水中含有较多碱性钠盐（如硅酸钠、碳酸钠和碳酸氢钠），土壤胶体会很快吸附其中的钠离子而碱化。

◆ **基本性状**

①剖面特征。表土中可溶性盐多被淋洗，一般低于 5 克 / 千克，普遍含有碳酸钠和碳酸氢钠，呈强碱性，pH 多高于 9，土粒分散，质地轻。表层下为碱化层，湿时膨胀泥泞，干时坚硬板结。碱化层以下为可溶盐聚积层。②普遍含有碳酸钙，很少含有硫酸钙。③土壤胶体中二氧化硅 450 ~ 700 克 / 千克，硅铝率 3.6 ~ 10，硅铁率 13 ~ 50。④草原地区

碱土景观（左）和剖面（右）

的交换性钠约 18 厘摩（+）/ 千克，漠境和半漠境地区在 6 厘摩（+）/ 千克以上，黄淮海平原 1 ～ 2 厘摩（+）/ 千克。草原地区的碱化度在 90% 以上，漠境、半漠境地区在 50% 以上，而黄淮海平原在 30% 以上。

◆ **主要亚类**

碱土的划分标准为碱化度（ESP），美国采用 ≥ 15%，俄罗斯采用 ≥ 20%，中国和印度趋向于采用 ≥ 30%。分为四个亚类：①草原碱土。主要分布在内蒙古草原，表层为暗栗色、灰黑色或黑色的有机质层，具有明显的团粒－粒状结构。②草甸碱土。分布在黄淮海平原的瓦碱，多为光板地或撂荒地，表层为 1 ～ 2 厘米厚的灰白色坚实土结壳，土壤发生层次发育分异不明显；分布在松辽平原的草甸构造碱土（又称草甸柱状碱土），剖面具有明显的发生层次，上部为灰色有机质层，小片状或鳞片状。其下分别为灰棕色的柱状碱化层和块状或核状结构的盐分积聚层，再往下为母质层。③龟裂碱土（荒漠碱土）。分布在漠境及半漠境地带的古湖洼地、冲积扇缘与老河成阶地的交接洼地，常与 1 ～ 2 米高的固定沙丘呈复域分布，地面光秃，偶见蓝藻丝状体，旱时为斑状黑脆薄皮。④镁质碱土。形成与富集钙镁质碳酸盐类的沼泽化过程有关，分布在河西走廊酒泉边湾地区及新疆焉耆盆地低洼地，地表具有灰白紧实结壳，其下为含大量钙、镁的镁质碱化层。

$$土壤碱化度 = \frac{土壤交换性钠含量}{土壤交换性阳离子总量} \times 100\%$$

◆ **利用改良**

碱土主要从四个方面利用：①依据区域条件，因地制宜采取放牧、农牧结合和种植。②井沟渠结合的水利措施。③轻度和中度碱化的采取轮作、间作套种、精耕细作，施用有机物料（施农家肥、秸秆还田、种植翻压绿肥等），种植水稻或耐盐碱的作物和饲料牧草，植树造林等措施。④强度碱化的施用石膏、磷石膏、亚硫酸钙、黑矾、糠醛渣和风化煤等改良剂。

水稻土

水稻土是人工灌溉耕种条件下形成的具有水耕表层和水耕氧化还原层的土壤。中国在第二次土壤普查分类（1988）中，被列为人为土土纲、水稻土亚纲、水稻土土类；在中国土壤系统分类（2001）中，被列为人为土纲、水耕人为土亚纲；在日本土壤分类中，也有水稻土类型，并按水型或起源土壤续分；在美国土壤系统分类（1999）中，无水稻土名称，根据水分状况、利用方式在土壤低级分类单元中表达；在联合国世界土壤资源参比基础（WRB，2014）中，采纳了中国的分类，也将其划分成水耕人为土。

◆ **分布**

可形成于有灌溉条件并长期种稻的任何土壤类型上。从温带到热带均有分布，以亚洲最为集中，印度和中国面积最大。

◆ **成土过程**

形成过程包括：①水耕表层糊泥化。因长期水耕机械搅拌，耕层土壤原有结构破坏，无结构，糊泥化，落干后呈无结构或大块结构。耕作层底部因机具不断压实形成紧实黏重的犁底层。②灌溉引起的机械淋洗作用。使腐殖质、黏粒和粉粒随重力水下移，定向附于下部土体的裂隙壁或结构面上形成胶膜。③氧化还原作用和化学淋溶作用。种稻期间的灌排导致土体氧化还原作用交替进行，促进了铁、锰等变价元素及水溶性元素的淋溶淀积，土体常见铁锰斑纹和结核。④离铁作用。侧渗强的环境下，铁锰易随侧渗水流从土体中流失。

◆ **基本性状**

许多理化性质仍保留着母土的特点，但发生下列明显变化：①特殊的剖面构型。糊泥化的水耕层、稍紧实的犁底层、水耕氧化还原层。②与起源土壤相比，有机质含量增加，但胡敏酸／富啡酸、芳构化程度和分子量都减低。③灌溉和施肥影响土壤交换性盐基。原来盐基饱和甚至盐渍化、碱化的母土中盐基离子和可溶盐分淋溶，土壤趋向中性及弱盐渍化；而原来酸性不饱和的母土从施肥及灌溉水中获得盐基离子产生复盐基作用，土壤也趋向中性或弱酸化。④铁锰离子与水稻土中某些有机物螯合，在土体中的移动更强，二氧化硅／氧化铁在铁锰淀积层达最低。

◆ **主要亚类**

中国土壤学者在 20 世纪 30 年代首先将水稻土作为独立土类命名和分类，划分出淹育、潴育和潜育三个水稻土亚类。后随着进一步的研究，分成了五个亚类：①潴育水稻土。分布于平原、高圩区与山间盆地。地下水位适中，土壤水气协调，多为高产肥沃水稻土。②渗育水稻土。分布于低山丘陵区低塝田或排田以及地下水位较深的平原。土壤渗漏速度快或含有石灰，铁锰淋溶较弱，出现渗育层（铁渗淋亚层）。③漂白水稻土。分布于河流两侧二级阶地、剥蚀平原或山丘坡麓。位置较高，上部土体淋溶漂洗强烈而形成白土层（漂白层）。④潜育水稻土。分布于湖泊的四周、河流两侧低洼地段及山涧谷底。起源土壤多为沼泽土或潜育土，50厘米以上土体可见潜育特征。⑤淹育水稻土。分布地形部位较高。植稻时间较短，靠降水或引水灌溉植稻，水耕氧化还原层发育不明显，铁锰斑纹、胶膜少。

◆ 利用改良

培育高产水稻土需要建立高质量、高标准的灌排体系，集约化耕作，合理轮作，用地和养地相结合。对于低产田要分清低产原因，如地形和水文因素不良、排灌设施差、土壤自身存在障碍因素和耕作管理不当等，应采取针对性的改良利用措施，实现高产和稳产。

水稻土景观

灌淤土

灌淤土是干旱与半干旱地区长期受灌溉水夹带的泥沙等悬移物淤积并经耕种、扰动、培肥而形成的人为土壤。1978年在中国土壤学会土壤分类会议正式定名。1984年中国第二次土壤普查定为人为土纲灌淤土土类。在中国土壤系统分类（修订方案，1995）中，被列为人为土纲旱耕人为土亚纲灌淤旱耕人为土土类；在中国土壤系统分类（2001）中，相当于灌淤旱耕人为土或灌淤干润雏形土；在美国土壤系统分类（1999）中，部分相当于堆垫人为始成土；在联合国世界土壤资源参比基础（WRB，2014）中，相当于人为土土类灌淤人为土单元。

◆ **分布**

在中国主要分布于宁夏、甘肃、青海、内蒙古、陕西以及河北的黄河及其支流的平原，甘肃的河西走廊，新疆昆仑山北麓与天山南北的山前洪积扇和河流冲积平原。西藏西部的亚高山地区的象泉河与孔雀河河谷也有分布。

◆ **形成条件**

光热充足，地形平坦，可引水灌溉，水流中含有多量泥沙。

灌淤土景观（左）和剖面（右）

◆ **成土过程**

土壤形成主导作用包括灌水落淤、淋洗与耕种培肥，形成一定厚度的灌淤层。下伏的母土类型多，如冲积土、潮土、潜育土等。常见的附加成土作用有氧化还原和盐化等。

◆ **理化性状**

①具有厚度等于或大于 50 厘米的灌淤层，因耕种扰动而不见沉积层次。②同一剖面的灌淤层，颜色、颗粒组成、土壤质地、碳酸钙及有机质含量比较均匀一致，质地多为壤土与粉质壤土，块状或粒状结构，疏松多孔。③灌淤耕层有机质平均含量为 10～13 克/千克，向下渐减，但灌淤底层不低于 4 克/千克。全氮、碱解氮、速效磷与钾等在剖面中也呈上高下低趋势。④黏土矿物以水云母为主，次要矿物有绿泥石、蒙皂石及高岭石。⑤全剖面富含碳酸钙，含量为 100～140 克/千克。有时自上而下有石灰质假菌丝体。石膏及可溶盐含量低。pH 为 8.0～8.6，阳离子交换量多为 7～20 厘摩（+）/千克。

◆ **主要亚类**

根据成土作用所形成的不同性态分为七个亚类：①普通灌淤土。典型亚类，地形部位高，地下水对土壤无影响。0～100 厘米无锈纹锈斑，有机质含量为 4～17 克/千克，碳氮比小于 12（若有机质含量大于 17克/千克，则碳氮比大于 15 或速效磷含量小于 30 毫克/千克），具有多宜性，尤宜枸杞及果类等经济作物。②肥熟灌淤土。表层为肥熟灌淤层，有机质含量大于 17 克/千克，碳氮比小于 15，速效磷含量大于 30

毫克/千克。土壤肥力高，多为城镇郊区常年菜地。③钙积灌淤土。在中国分布于南疆暖温漠境。碳酸钙含量和碳酸钙假菌丝体自上而下渐增，无石膏或易溶盐积聚层。因温度高，除栽培粮油作物外，尤宜种植棉花、瓜、果。④冷灌淤土。分布于藏西的亚高山河谷，50厘米深处年平均土温2.5～5.5℃，属于冷性，宜种青稞、豌豆等耐寒作物。⑤潮灌淤土。地下水位较高，受地下水影响，剖面中下部有锈纹锈斑，剖面中下部的黏土矿物组成中，蒙皂石较其他亚类多。土壤水分条件好，需注意防止土壤盐化。⑥表锈灌淤土。轮种水稻后形成，耕层有锈纹锈斑，种稻期间，耕层氧化还原电势（Eh）小于200毫伏，以下土层大于300毫伏。耕层的黏土矿物组成中，蒙皂石较其他亚类多。⑦盐化灌淤土。耕层有易溶盐积聚，全盐量等于或大于1.5克/千克。

◆ 利用改良

干旱、半干旱区的一种高产土壤，宜种性广。①搞好农田基本建设，做到沟渠配套，灌排畅通，防治次生盐渍化。②适当深耕，种植绿肥，增施有机肥，秸秆还田，平衡施肥。

高山草原土

高山草原土是高山带森林线以上与高山草原区发育的高寒干旱土，曾称莎嘎土。在中国土壤系统分类（2001）中，相当于寒冻雏形土；在美国土壤系统分类（1999）中，大致相当于钙积寒性软土；在联合国世界土壤资源参比基础（WRB，2014）中，大致相当于钙积栗钙土土壤单元。

◆ **分布**

高山草原土广泛分布在羌塘高原和黄河、长江河源的高原面，海拔 4300～5300 米，在帕里以西喜马拉雅山中段和西段北翼海拔 4700～5300（5500）米的高山带也有分布。

高山草原土景观（左）和剖面（右）

◆ **形成条件**

地形为剥蚀高原面上低缓丘陵、宽广的湖盆、宽谷中的洪积扇和阶地以及山前古冰碛平台。成土母质多为残积物、坡积物、冰碛物、洪积物、湖积物和风积物。气候属高原亚寒带半干旱类型，以寒冷、较干旱、风大、土壤冻结期长、大陆性强烈为特征。植被为高寒草原，在黑阿公路以南，由紫花针茅、羽柱针茅与昆仑针茅、固沙草、矮二裂委陵菜、细火绒草、藏西黄芪、棘豆及藏籽蒿、冻原白蒿、垫状蒿等组成；黑阿公路以北的中羌塘地区，紫花针茅群落中出现有青藏薹草、多头委陵菜、垂穗披碱草、冰川薹草等，覆盖度为 20%～50%。

◆ **成土作用和成土过程**

高山草原土的成土作用和成土过程为：①腐殖质积累作用。冬季寒冷少雨，土壤冻结期长，暖季短，每年 5 月下旬草类才返青发芽，草层高度为 20～30 厘米，每年地上部分的干物质量约 230 千克/公顷。由于低温及干旱，微生物活动不旺盛，故草原植物残体分解不完全，有植物残体的积累。②弱的钙积作用。呈中性到碱性反应，土体中易溶盐大都被淋溶，钙以碳酸氢盐形态向下移动，淀积于剖面中、下部。但由于土壤风化和成土作用较弱，基质发育程度低，淋溶程度不强，钙积作用较弱。

◆ **基本性状**

高山草原土的基本性状有：①剖面分化较差。表层有时可见地衣、藻类的干卷结皮，腐殖质层厚 5～15 厘米，呈浅灰棕或浅灰棕带黄色，具有屑粒状－弱团块状结构。通体富含石砂 10%～40%，向下颜色稍淡，结持紧实。黏粒含量 10%～22%，亚表层或其下土层的黏粒含量常高于表层，这是土壤融冻作用和风蚀的结果。②表层有机质含量一般为 10～20 克/千克，自上而下逐渐减少，碳/氮 5～14。③碳酸钙的含量为 2～170 克/千克，剖面上部碳酸钙已淋失，于 20～30 厘米以下有轻度聚积。易溶盐含量 1 克/千克，无盐化、碱化特征。④土壤呈碱性，表层阳离子交换量为 4～11 厘摩（+）/千克。黏土矿物以水云母为主，伴有绿泥石，并有少量蒙脱石，部分剖面还有夹层水云母。除氧化钙、氧化锰在剖面中移动外，其他氧化物和三二氧化物移动不明显。

◆ **主要亚类**

根据剖面层次发育的差别，高山草原土分为四个亚类：①普通高山草原土。土表至 40 厘米有机质加权平均值＜ 10 克 / 千克，具有风化 B 层，无钙积层、次生黏化层或古淀积黏化层。②灰高山草原土。除土表至 40 厘米有机质加权平均值≥ 10 克 / 千克外，其余均似普通高山草原土。③黏化高山草原土。除具有次生黏化层或古淀积黏化层外，土表至 40 厘米有机质加权平均值＜ 10 克 / 千克或＞ 10 克 / 千克，其余均似普通高山草原土。④钙积高山草原土。除具有钙积层外，其余均似普通高山草原土。

◆ **改良利用**

高山草原土是青藏高原面积最大、分布最广的土壤类型。因海拔高，气候干寒，低温持续时间长，暖季短，水热条件较差，加之质地粗，土层薄，肥力低，多用作夏秋牧场。高山草原土草场生态系统稳定性极差，土壤肥力水平低，加之人畜饮用水源缺乏，一旦放牧超载很快引起退化。因此应严格控制放牧强度，合理轮牧。局部海拔较低、背风向阳、有条件灌溉之处，可选育和试种优良牧草。

山地灌丛草原土

山地灌丛草原土是亚高山带灌丛草原植被下发育的均腐殖质土，曾称山地栗钙土、山地棕钙土、山地褐色土、阿嘎土。在中国土壤系统分类（2001）中，相当于寒性干旱土；在美国土壤系统分类（1999）中，大致相当于钙积半干润软土；在联合国世界土壤资源参比基础（WRB，2014）中，大致相当于钙积栗钙上等。

◆ 分布

山地灌丛草原土分布于西藏米林以西的雅鲁藏布江水系的谷地，以及其他河流，如西巴霞曲（苏班西里河）、朋曲、孔雀河等谷地中，海拔 3100～4400 米。

◆ 成土条件

地形为谷底的阶地、洪积扇和山地下部。河谷底部为成土母质，为冲积洪积物；山坡为岩石风化残积坡积物。高原温带半干旱气候。植被为山地灌丛草原，灌木主要为西藏狼牙刺，草类有羊茅、固沙草、蒿类；植被覆盖度低的不足 20%，高的可达 40%～60%。

◆ 成土作用和过程

山地灌丛草原土的成土作用和过程有：①弱的腐殖质累积作用。灌丛草原植被每年凋落的枝叶和死去的根系，经过暖季的腐殖质化作用逐步积聚于土壤。②钙积作用。降水集中于土壤生物、化学过程比较旺盛的暖季的夜晚，有相当的淋溶作用，易溶盐已被淋溶，游离碳酸钙淋溶到剖面中、下部。③弱的黏化作用。湿热同季有利于风化，表现出弱度的黏化作用。

◆ 基本性状

山地灌丛草原土的基本性状有：①剖面分化较复杂，A 层厚

10～20厘米，具粒状或团块状结构。表土以下40～50厘米深处为钙积层，厚度20～40厘米。②表层有机质含量20克/千克，接近森林的地区和海拔较高处的表层有机质含量可达30～40克/千克，向下随根量的显著减少，其含量也骤然降低。③腐殖质组成以富啡酸为主，胡敏酸与富啡酸比值为0.59，土壤呈中性到碱性，表层阳离子交换量7～10厘摩（+）/千克，黏土矿物以水云母为主，伴有绿泥石、蛭石、蒙脱石。一些受古土壤影响的土层中含有少量高岭石，通体硅铁铝率和硅铝率一般变化不大。④钙积层中碳酸钙含量从20～30克/千克到300～400克/千克，高于其上、下土层的3～5倍，易溶盐大都被淋失，含量很低。

◆ **主要亚类**

根据剖面层次发育的差别，山地灌丛草原土分为三个亚类：①普通山地灌丛草原土。土表至40厘米范围内有机质加权平均值≥10克/千克，具有风化B层、次生黏化层，土表至1米范围内无钙积层，但有石灰性。②钙积山地灌丛草原土。除具有钙积层外，余均似普通山地灌丛草原土。③淋溶山地灌丛草原土。除上界在土表至1米范围内无石灰性外，余均似普通山地灌丛草原土。

◆ **改良利用**

山地灌丛草原土所在区域，光热条件和灌溉水源条件较好，地形较平缓，交通和管理较方便，人口相对集中，农业生产集约化水平较高，是西藏主要的耕地资源之一。但存在干旱、土壤粗骨性强、保水能力弱和耐旱性差等问题。利用改良措施包括：①现有耕地要注意平整土地，建造梯田，发展灌溉，增施有机肥和农家肥，平衡施肥。②实行豆—粮或饲—粮轮作，或在较低平河谷青稞收后种植绿肥，积极培养地力。③现有草地植被稀疏，降水集中，易水蚀和风蚀，生态环境极为脆弱，要严禁坡地开垦，陡坡耕地应停耕育草护坡，防止过度放牧，保护现有灌木植被，在谷地营造防风林、护田林，防治风沙危害。

山地灌丛草原土景观

高山寒漠土

高山寒漠土是高山带与青藏高原高寒区有融冻扰动特征的荒漠土壤。在中国土壤系统分类（2001）中，相当于寒冻正常新成土；在美国土壤系统分类（1999）中，大致相当于寒性始成土；在联合国世界土壤资源参比基础（WRB，2014）中，大致相当于寒冻土、永冻雏形土、饱和雏形土、石灰性雏形土。

◆ 分布

在中国广泛分布在青藏高原及其毗邻高山冰雪带下的冰缘地区，在新疆帕米尔高原的顶部、西昆仑山和阿尔金山、藏北高原边缘及云南的迪庆藏族自治州等地也有分布。海拔高度在天山为3700～3800米，昆仑山为5300～5800米，珠穆朗玛峰北翼为5700～6000米，南翼为5300～5500米。

◆ **成土条件**

　　高山寒漠土呈现着独特的高山寒漠景观，地形主要是高山峰脊、第四纪和近代冰川所形成的冰斗、冰碛堤、冰台地和流石堆，成土母质主要为寒冻风化物或冰碛物构成的碎屑状风化壳，只有在砾石间隙聚积些细土物质。气候严寒，年均气温介于 −12 ～ −3℃，年降水量介于 250 ～ 700 毫米，一年中冰雪覆盖时间长达 5 ～ 7 个月，太阳辐射强，风大、昼夜温度变化剧烈，且经常有雨雾缭绕。植被除在岩石表面着生的冷生壳状地衣外，高等植物主要为耐寒、耐旱（生理干旱）的短命宿根多年生的垫状植物，常见有风毛菊、葶苈、桂竹香、蚤缀、虎耳草、点地梅、银莲花、金莲花、红景天等，一簇簇生长在砾石间隙或局部的冰雪融水滋润地区，覆盖率多低于 10%，通常无动物活动，景观极为荒凉。

高山寒漠土景观（左）和剖面（右）

◆ **成土作用和过程**

高山寒漠土的形成具有以下特点：①极弱的生物积累作用。低温干旱抑制土壤中微生物的活动，繁殖慢，数量少，使土壤有机质分解缓慢和腐殖化弱，多无明显的腐殖质层。②强烈的寒冻物理风化作用和微弱的土壤化学风化和生物风化作用。物理风化作用占主导地位，土壤质地几乎全由骨骼颗粒部分组成，细土物质常积聚于砾石间隙内，少量的粉粒和黏粒以明显的物理渗漏向下移动。③土壤在冻融扰动作用下出现轻微的冻结凸起。此外，地面常出现石环、石栅、融冻泥石流等冻融景观特征。

◆ **基本性状**

①土层浅薄，通体含有大量的砾石，土壤剖面分化不明显。地表常有岩石风化碎屑组成的岩幂层，下伏发育差的腐殖质层，厚5～10厘米，呈灰色调，弱粒状或片状结构，其下过渡为颜色接近母质的砾石层或永冻层。黏粒在剖面中有下移现象。通体砾石体积占20%～80%，可见由冻作用形成的片状结构，在永冻层上常因融雪、融冻水潴积而形成的锈纹锈斑，甚至具有弱的潜育特征。②表层有机碳含量多在3～12克/千克，个别可高达50克/千克，阳离子交换量一般为4～9厘摩（＋）/千克，个别可高达15厘摩（＋）/千克，可能与受融冻泥流影响而含黏粒稍多有关。土壤pH为7～8，呈中性到碱性，部分剖面有石灰反应，易溶盐含量不足0.1%，以碳酸氢钙为主，不显盐化。黏粒矿物以水云母为主，伴有少量高岭石、绿泥石。

◆　**主要亚类**

高山寒漠土由于剖面分化不明显，故只设一个亚类。

◆　**利用改良**

高山寒漠土分布地区海拔很高，气候严寒，生态环境恶劣，土壤发育很弱，理化性质和营养条件差，无交通条件，植物生长稀疏，无农牧业利用价值。

土壤管理

土壤健康

土壤健康是一定的土地空间和生态系统中土壤持续地维持其结构并发挥其功能的能力，即土壤持续维持生态系统功能、提供生态系统服务的能力，或者土壤保持自身生命力的状况及其可持续的能力。

土壤健康起源于土壤学文献中广泛应用的土壤肥力和土壤质量等概念，是在土壤肥力、土壤质量基础上，人类在时间、空间和管理等多个维度认识和表征土壤状态的一种考量。20 世纪后期以来，可持续发展成为全球共同关注的重要主题，关于土地退化、湿地保护、废弃物处置和污染物管控及全球气候变化等一系列环境公约的生效，使土壤的环境支撑功能和生态系统服务价值进一步彰显，关注土壤现状及其演变趋势对于全球社会的可持续性影响，远远超过了对土壤肥力和土壤质量本身的关注。同时，20 世纪 80 年代以来，随着土壤生物学研究的发展，土壤中生物功能及其多样性逐渐成为土壤的关键性质和土壤健康认知的基本出发点。

1992 年，美国农业部首次提出土壤健康指数，用来替代土壤质量评价策略。当时的理念就是"我们需要让土壤恢复其生命力，并确保我们的后代仍能享受到这种生命力"。1994 年，美国土壤生物学家 J.W. 多兰及其同事认为土壤质量是土壤在生态系统内发挥支撑生物生产力、维护环境质量和促进动植物健康等功能的能力，并用土壤健康来替代或并用。因此，"土壤质量"和"土壤健康"一度互为同义词而混用。至 1998 年，美国昆虫学会与植物病理学会联合举办了名为"上壤健康：管理土壤质量的生物要素"的学术研讨会。会上，多兰及其同事首次将土壤健康定义到土壤作为至关重要的生命系统的功能发挥能力，并关联到地球可持续发展能力（土壤健康、生物多样性和生态系统稳定性等）。尽管他们仍然认为土壤健康是土壤质量的近义词，但是紧密结合生物（学）属性的土壤健康概念自此开始流行。2020 年，美国土壤学家 J. 莱曼引领一批国际科学家提出围绕土壤提供的四大生态系统服务（可持续植物生产、水质控制、人类健康改善和气候变化缓解），从土壤物理学、土壤化学和土壤生物学三个方面认识和评估土壤健康的理论框架，强调生物活性、系统性和持续性在土壤健康中的根本意义。2021 年，H. 詹曾提出土壤健康更应落脚于具体的土地利用和局地生产系统，联系于社会需求和人类对土壤的管理。

◆ **基本内容**

20 世纪 80 年代以来，在土壤学中，土壤肥力、土壤质量、土壤安全（21 世纪初期）及土壤健康等术语都广泛应用且常交替使用。土壤肥力侧重土壤对于生态系统和农业的初级生产力的支撑和服务；土壤质量侧重土壤对环境质量和卫生健康的支撑和服务；土壤安全关注土壤的支撑和服务能力对于人类社会需求的机遇和程度；土壤健康更关注土壤自身生命力的保持与人类的发展相平衡，提供全社会利益相关者可以共同参与的土壤管理评估框架和工具。

　　土壤健康的基础是土壤机体的完整性和功能的系统性和持续性（稳定性）。土壤健康所涉的土壤结构包括良好的土壤团聚体和土壤结构体、完好（正常序列）的土壤剖面和完整的土壤景观；所涉的土壤功能，包括供应植物生产、保护水源和环境、支撑物理设施、庇护生物多样性和封存自然和文化遗产；功能的持续性是指在干扰下的稳定或恢复的性质或能力。土壤作为生命自然体和自然资源的生态系统价值及其对人类社会可持续发展的支撑，土壤健康考虑土壤自然体的结构和功能的多元性（物质的尺度和功能的尺度），土壤的物理性质、化学性质和生物学性质构成的土壤体的系统性，特别是外界驱动力（例如土地利用、环境污染和气候变化以及耕作管理等）影响下的动态稳变化。土壤健康代表人类对土壤服务价值从局地服务（例如作物生产力）到全球服务（例如稳定气候）认识的层级提升，也代表了从定量的、货币化（土壤肥力与产量、碳库及温室气体）的物质评价到定性或尚未定量的文化／精神评价（例如景观保护与遗产、自然陶冶与文学艺术等）的层级提升，需要以土壤学为基础，包括社会科学在内的多学科系统研究和表征。由此，发展兼顾全社会利益相关者和代际平衡的良好土壤管理策略和技术是全球共同责任。

◆　评价指标

　　截至 2022 年，土壤健康尚无一种普遍接受的评价标准或者数量指标，尚不能用于不同生态系统间或者不同土壤类型间的直接对比。但是，因全球变化及土壤退化等的影响，一定土地空间内或者特定生态系统中，可通过一套物理、化学和生物学的组合指标进行土壤健康变化或差异的分析评价。一般地，评价土壤健康考虑与植物生产有关的土壤肥力条件、与环境质量有关的污染物状况、与生态系统质量有关的植被覆盖、与气候变化有关的土壤碳库及温室气体、与土壤保持有关的团聚体及土壤结构、与生物多样性有关的土壤微生物的生物量及多样性。与土壤质量评价类似，其最小的评价因子集包括土壤pH和基本养分、土壤化学物质（如盐分和有机、无机及生物污染物等）、植被覆盖度及生物量或农业的产量、土壤有机质与碳库、土壤团聚体稳定性及土壤微生物的生物量、基因和种群多样性。与土壤肥力和土壤质量不同的是，土壤健康还考虑土壤的外部因素对土壤景观的影响，例如水土流失、工业化和城市化下的土壤硬化等，还包括环境胁迫下的稳态情况等。从土壤微生物基因库到土壤动物的丰度和种群已越来越多地被纳入土壤健康评价。需要指出的是，土壤有机质和土壤团聚体是土壤健康评价的基础和常用指标。欧盟（2019）在土壤健康中，还将林地面积和景观均质性（破碎性）两项非土壤指标作为全欧土壤健康评价的必要指标。

◆ **现状**

土壤健康概念提供了比较不同环境、生态和管理影响下土壤变化的科学基础，更是为人类通过改善管理而稳定和提升土壤功能及服务能力提供了理念、政策、技术及社会干预机制的认识框架。2015年，联合国提出可持续发展新千年发展目标，肯定了土壤健康是将土壤功能与可持续性相结合的合适平台工具。在17项可持续发展目标中，土壤健康直接或间接联系于其中的13项。作为第一个国际土壤年的纪念主题，联合国粮食及农业组织同年倡议"健康土壤带来健康生活"的全球理念和行动。2015年，联合国气候变化公约组织缔约国大会在《巴黎协议》达成之际，通过了"4‰土壤增碳"全球行动，其理念是提升土壤有机质、促进农业和食物安全与气候稳定。2019年，欧盟开始实施"土壤健康与食物"泛欧行动，其口号是"关爱土壤就是关爱生命"。该行动的目标是到2030年，欧盟范围内至少75%的土壤是健康的。为此推出了有关土壤健康管理的研究和创新、培训和咨询及众创试验与实训示范结合的一系列科研－推广－服务－保障计划。2021年末，欧盟委员会发布了《欧盟土壤战略2030》，规划了直至2050年的全欧土壤健康的愿景与目标，细化了2030年前采取的具体行动计划，并宣布将在2023年颁布《土壤健康法》，以确保公平的竞争环境及高效率的环境与健康保护。同年，基于新冠疫情管控的全球挑战，世界卫生组织、联合国粮食及农业组织、国际兽疫局、联合国环境署等联合提出了"统一健康"（同一健康）全球动议，目标是通过促进生态系统健康及其完整性，一体化推进植物－动物－人类的健康水平，通过疫病防管控多产业多部门协同，达到人类共同健康和可持续发展。在"统一健康"中，学者们普遍认为土壤健康是生态系统健康的基础，且紧密联系于食物健康和环境健康，必须予以优先重视。

土壤健康与生态安全、环境质量和气候变化稳定性等是全球健康不可分割的一部分，维持土壤健康是实现全球可持续发展的关键基础和支撑，也与中国政府倡导的生态文明和全球生命共同体的理念相契合。中国政府早已提出了"绿水青山就是金山银山"的发展理念和"健康中国2030"的计划。中华人民共和国农业部2015年提出的《耕地质量保护与提升行动方案》、2016年国务院印发的《土壤污染防治行动计划》、2017年环境保护部（今生态环境部）与农业部联合印发的《农用地土壤环境管理办法（试行）》及农业农村部推行的"五大绿色农业战略行动"，以及 2021 年中共中央办公厅和国务院办公厅印发的《关于进一步加强生物多样性保护的意见》等举措，都或多或少地反映了中国社会和政府对土壤健康的关注。这些国家层面的战略和行动都将大大提升中国土壤健康水平。中国土壤健康的系统认知和国家治理将日益在人民健康生活和社会可持续发展中发挥重要作用。

土壤退化

土壤退化是在各种自然与人为因素作用下所发生的土壤质量下降的变化过程和现象。据统计，全球土壤退化面积达 20 亿公顷，占全球土地面积的 6.5%，全球农田、草场、森林与林地土壤总面积的 22% 已发生了不同程度的退化，且土壤退化往往是多种退化形式叠加呈现，加剧了土壤退化的危害和治理难度。就地区分布来看，地处热带亚热带地区的亚洲、非洲土壤退化尤为突出，约 3 亿公顷的严重退化土壤中有 1.2 亿公顷分布在非洲、1.1 亿公顷分布于亚洲。就退化等级来看，土壤退化以中度、强度和极强度退化为主，轻度退化仅占总退化面积的38%。就土壤退化类型来看，土壤侵蚀退化占土壤总退化面积的 84%，其中水蚀退化占 56%，风蚀退化占 28%。土壤肥力退化呈现两极趋势，在贫穷落后地区主要是土壤养分耗竭问题，如撒哈拉以南非洲地区和中国西部一些贫困山区；在欧洲、中国东部沿海发达地区则存在因化肥过量施用而引起养分失衡等问题。土壤酸化影响了世界上约 30% 的不结冰陆地土壤面积，主要分布在南美亚马孙地区、北美的北部和东部地区、东南亚、中部和南部非洲及欧洲的北部地区。土壤（次生）盐碱化问题存在于全球 100 多个国家，受（次生）盐碱化影响的土壤面积估计约 10 亿公顷。全球约有 6800 万公顷土壤存在土壤压实问题，其中大约一半面积位于在广泛使用大型机械的欧洲。土壤污染在发达国家普遍存在，欧洲环境署 2014 年估计在欧洲有近 250 万个土壤污染地点，美国尽管已经清洁治理好约 54 万个土壤污染地点，但截至 2014年 9 月仍然有约 1300 个高风险土壤污染地点有待修复。发展中国家正在经历工业化过程，土壤污染问题日益严峻。在亚洲经济快速发展地区几乎都存在中度和重度重金属污染问题。在拉丁美洲，土壤和水中的砷污染影响了约 1400 万人口。在南部非洲，土壤污染主要是由采矿、泄漏以及废物处置不当所引起，而在北非和中东地区，土壤石油污染较为常见。另外，全球每天因土壤封闭而损失的土壤面积为 2.5 万～ 3万公顷，而且随着农村人口向城市的迁移，土壤资源面积的损失速度会进一步加快。

中国的土壤退化总面积为 4.65 亿公顷，占国土地总面积的 40%，其中大部分为轻度退化，面积为 3.07 亿公顷，占总退化面积的 66%。中国水蚀面积达 1.79 亿公顷，每年流失表土约 60 亿吨，主要分布在中国东部湿润和半湿润气候带的山地丘陵地区和西北部的黄土高原区；风蚀面积达 1.6 亿公顷，其中土壤沙化严重地区主要分布在内蒙古和长城沿线的农牧交错带。在中国西部欠发达的部分地区，土壤肥力退化表现为土壤养分呈不断耗竭状态，土壤肥力水平呈下降趋势；但在中国东部沿海发达地区，化肥过量施用尤其是氮肥配比过高，土壤肥力退化则主要表现为氮磷养分过剩而流失,加剧了水体富营养化和蓝藻暴发频率。由于酸沉降和铵态氮肥的不合理施用等原因,加剧了土壤酸化,全国农田土壤 pH 平均下降了 0.5 单位。

◆ **类型**

土壤是在成土母质、气候、生物、地形、时间五大成土因子长期相互作用下而形成的自然体,带有明显的响应主导成土因子的土壤物理、化学和生物学特征,因而对于地球表面不同地区的土壤,判断其是否处于土壤退化的土壤质量指标及标准也有所差异。国际上对土壤退化分类还没有一个权威的标准。根据退化程度可分为轻度、中度、强度和极强度土壤退化;根据土壤性质的退化特点分为物理退化、化学退化和生物退化,但土壤这三种性质的退化往往是相互关联的,在实际中可能很难区分。因此,更为常见的是根据土壤退化的具体、主导表现形式进行分类,主要有土壤侵蚀、土壤肥力退化、土壤酸化、土壤次生盐碱化、土壤污染、土壤压实和土壤封闭等类型。

土壤侵蚀

表层土壤随水流、风力、重力或耕作而移出原来所处位置的过程。土壤侵蚀主要包括水蚀和风蚀。

土壤肥力退化

包括土壤养分耗竭和养分过量失衡两个方面的问题。土壤养分耗竭贫瘠化问题主要出现在撒哈拉以南非洲等地区,收获物带走的养分超过养分输入,土壤生产力因养分贫瘠化而呈不断下降趋势。但在美国中西部、西欧及中国东部沿海地区,则为肥料过量施用导致的土壤部分营养元素过剩，引起养分失衡，加剧了水体富营养化等环境问题。另外，集约化生产过程中，由于重化学肥料、轻有机肥施用，导致土壤有机碳含量降低明显，碳氮比失调，也导致土壤生产力的可持续性能的下降。

土壤酸化

土壤中钾、钙、钠、镁等盐基离子淋失，氢离子和铝离子积累而导致土壤 pH 降低的现象。土壤酸化是土壤高度发育过程中出现的自然现象，人类生产活动，包括酸性废水和酸雨沉降输入、过量施用生理酸性肥料、种植物种选择不当等加剧了土壤酸化进程。土壤酸化是一个隐蔽而缓慢的过程，将会加速土壤盐基养分的淋失、产生植物逆境胁迫、降低微生物活性，严重影响农林草业生产。

土壤次生盐碱化

土壤表层积聚过多的盐（碱）而造成土壤质量变劣的现象。盐碱化土壤 pH 一般高于 8.2。引起土壤盐碱化的自然因素有内陆干旱区地下水位过高、蒸发量大于降水量、滨海区海水侵入等；人为因素主要是人类对土壤和水分的不合理利用，包括排水不畅引起地下水位上升、咸水灌溉、灌溉方式不当、温室条件下的降水淋洗作用丧失而蒸发作用增强等。土壤盐分含量过多会导致土壤颗粒高度分散，很难形成团聚体结构，造成土壤板结、透气性差、渗透系数低、土温上升慢、微生物活性弱、养分释放慢、磷和一些金属微量元素的有效性低等问题。过多的可溶性盐类使土壤溶液渗透压很高，容易引起植物生理性缺水而导致生长受阻甚至死亡。

土壤污染

由于人类活动导致有毒有害物质进入土壤并积累到一定程度而引起

土壤质量恶化的现象。土壤污染不仅影响农产品卫生质量安全，严重时会导致土壤生产力及其生态服务功能的降低甚至丧失。

土壤压实

土壤由于大型机械以及家畜长期反复碾压踩踏土壤而导致土壤内部空隙减少甚至基本丧失的现象。

土壤封闭

因城市扩展、住宅与道路建设等非农用地对自然土壤尤其是农业土壤的占用，土壤表面被水泥、沥青、建筑物等覆盖而基本丧失土壤作为自然资源生产农产品和提供生态服务功能的能力。实际上是土壤资源数量的减少，其中对农业土壤的过多占用将严重威胁到未来粮食安全保障。

◆ 危害

土壤退化引起土壤物理、化学、生物学性状的劣化，具体表现为土壤有机碳含量下降、土壤生物多样性下降、营养元素失衡、土壤板结、表层土壤变浅、土壤（次生）盐碱化、土壤酸化、土壤沙化、土壤污染等，最终导致土壤农业生产力和生态系统服务功能的降低。

◆ 防治

土壤退化是自然因素和人为因素共同作用的结果，其中自然因素是引起土壤自然退化的基础原因，而人为因素是加剧土壤退化的根本原因。根据土壤退化的类型、程度及特性，有针对性地采取物理的、化学的、生物的技术和工程措施，并制定实施配套的政策法规，是防治土壤退化、保护甚至提高土壤质量的基本策略。水土流失防治，宜采取以小流域为治理单元，推行免耕少耕等保护性耕作技术、宜林地退耕还林、宜草地退耕还草、等高种植、用养并重的轮休耕制度等措施，并执行生态补偿政策。土壤肥力退化防治，对于养分耗竭状态退化应采取平衡施肥、土壤培肥技术；对于养分过量失衡宜采取测土施肥、均衡施肥，有机肥部分替代化肥、化肥减量等技术。土壤酸化防治宜减少铵态氮肥和生理酸性肥料施用，合理施用有机肥，强化碱性物料的施用。土壤（次生）盐碱化防治措施主要是建立有效排灌系统，采取合理灌溉技术，避免地下水位上升；种植绿肥、牧草或其他覆盖植物，增加土壤全年植被覆盖率，降低蒸发量，抑制盐分上移，防止土壤表层返盐；对于设施土壤的次生盐渍化可在多年旱作后进行一次水旱轮作，合理施肥进行降盐。土壤污染防治一方面控制污染源，进行风险管控，实现安全生产；另一方面要逐步减少土壤污染物存量。对于压实土壤宜采取土壤深耕，辅以秸秆还田技术疏松土壤。对于土壤封闭防治主要是政策管理，保护优质土壤。尽管土壤是可再生利用的自然资源，且具有自我修复与恢复的能力，但土壤一旦进入土壤退化的变化方向，不仅治理和恢复的难度非常大，而且需要比较长的时间。因此，土壤退化的防治必须以防为主，治为辅，综合治理。

土壤改良

　　土壤改良是运用土壤学、生物学、生态学等多学科的理论与技术，排除或防治影响农作物生育和引起土壤退化等不利因素，改善土壤性状，提高土壤肥力，为农作物创造良好土壤环境条件的一系列技术措施的统称。

◆ 基本措施

　　土壤改良的基本措施包括：①土壤水利改良。如建立农田排灌工程，调节地下水位，改善土壤水分状况，排除和防止沼泽化，或设立灌、排渠系，排水洗盐、种稻洗盐等。可改良盐碱土。②土壤工程改良。如运用平整土地、兴修梯田、引洪漫淤等工程措施改良土壤条件，或通过客土法改良。可改良过砂过黏土壤。③土壤生物改良。运用各种生物途径（如种植绿肥），增加土壤有机质以提高土壤肥力，或营造防护林防治水土流失，或通过植树种草，设立沙障、固定流沙。可改良风沙土等。④土壤物理改良。通过改进耕作方法或通过增施有机肥。可改良板结、贫瘠土壤。⑤土壤化学改良。如施用化肥和各种土壤改良剂等提高土壤肥力，改善土壤结构，消除土壤污染等。常用的化学改良剂有石灰、石膏、磷石膏、氯化钙、硫酸亚铁、腐殖酸钙等，视土壤的性质而择用。如对碱化土壤需施用石膏、磷石膏等以钙离子交换出土壤胶体表面的钠离子，降低土壤的 pH。对酸性土壤，则需施用石灰性物质。化学改良必须结合水利、农业等措施，才能取得更好的效果。

◆ 改良技术

改良技术主要包括土壤结构改良、盐碱地改良、酸化土壤改良、土壤科学耕作和治理土壤污染。土壤结构改良通过施用天然土壤改良剂（如腐殖酸类、纤维素类、沼渣等）和人工土壤改良剂（如聚乙烯醇、聚丙烯腈等）来促进土壤团粒的形成，改良土壤结构，提高肥力和固定表土，保护土壤耕层，防止水土流失。盐碱地改良，主要通过盐碱土区旱田的井灌脱盐技术、生物改良技术进行土壤改良。酸化土壤改良是对已经酸化的土壤添加石灰等土壤改良剂来改善土壤肥力、增加土壤的透水性和透气性。采用免耕技术、深松技术来解决由于耕作方法不当造成的土壤板结和退化问题。土壤重金属污染主要是采取生物措施和改良措施将土壤中的重金属萃取出来，富集到植物可收割部分，或向受污染的土壤投放改良剂，使重金属发生氧化、还原、沉淀、吸附或拮抗作用，降低重金属的有效性。

土壤修复

土壤修复是利用物理、化学和生物学的方法和工程技术改善土壤质量的过程，是相对于土壤退化而言。

◆ 简史

20 世纪 50 年代起，美国、欧洲和中国等开始采用工程措施与生物措施，恢复矿山破坏的环境，治理水土流失，逐渐发展了恢复生态学。1971 年，联合国粮食及农业组织出版《土地退化》，推进了国际土壤退化的研究和治理。1994 年，美国土壤学会出版的《可持续发展中的土壤质量定义与利用》，推进了国际土壤质量和土壤健康的研究和改良。20 世纪 70 年代起，美国、欧洲和日本开展重视土壤重金属和有机污染物的治理，在修复技术方面主要采用物理和化学方法，如挖掘填埋、客土法、固化/稳定化、化学萃取、淋洗等方法。21 世纪以来，发展了物理、化学和生物相结合的方法，特别是植物修复及微生物修复方法。

中国环境保护部（今生态环境部）在 2014 年针对污染场地修复颁布了系列技术标准，包括 HJ25.1—2014《场地环境调查技术导则》、HJ25.2—2014《场地环境监测技术导则》、HJ25.3—2014《污染场地风险评估技术导则》、HJ25.4—2014《污染场地土壤修复技术导则》、《农用地污染土壤植物萃取技术指南（试行）》。国务院在 2016 年印发《土壤污染防治行动计划》，提出开展污染治理与修复，推动治理与修复产业发展，构建土壤环境治理体系，到 2030 年实现全国土壤环境质量稳中向好，农用地和建设用地土壤环境安全得到有效保障，土壤环境风险得到全面管控。

◆ **修复对象**

土壤修复针对六大类型退化土壤：①侵蚀土壤。包括水蚀、冻融侵蚀和重力侵蚀的土壤。②沙化土壤。包括悬移风蚀和推移风蚀的土壤。③盐渍化土壤。包括原生和次生盐化、碱化土壤。④污染土壤。包括无机物（重金属和盐碱类）污染，农药污染，有机废物（工业及生物废弃物中生物易降解有机毒物）污染，化学肥料污染，污泥、矿渣和粉煤灰污染，放射性物质污染，寄生虫、病原菌和病毒污染，抗生素，微塑料等类型。⑤性质恶化的土壤。包括土壤板结、土壤潜育化和次生潜育化、土壤酸化，以及土壤养分亏缺。⑥非农业占用的耕地。

◆ **类型**

土壤生态修复

通过生物、生态以及工程的技术与方法，调控退化生态系统的物质和能量循环及信息传递过程，恢复和发展生态系统的结构和功能。生态修复与生态恢复、生态改良、生态重建、生态改建等概念密切相关。其中生态恢复、生态改良和生态重建主要通过自然和人为过程将受到破坏的生态环境修复到原来的状态，使得与原来物种相似的物种能够定居。生态修复指根据土地利用计划，恢复受破坏土地的生产力，阻止对土地退化对环境的恶化，提升土地的环境景观功能（艺术欣赏性）。生态改建指通过人为调控方法，改善部分受损的生态系统，增加生态系统对人类有用的服务功能。

土壤生态修复既可以依靠土壤生态系统本身的自组织和自调控能力，也可以依靠外界人工调控能力。修复步骤包括：①明确修复对象，确定修复的生态系统边界。②对退化生态系统进行诊断，分析生态系统物质与能量流动特征，诊断识别退化类型、退化阶段、退化强度、退化主导因子。③在综合评估退化生态系统的基础上，确定修复目标。④在不同尺度上分析生态修复工程的自然、经济、社会及技术可行性，评估生态修复工程的投资需求，计算固定的和动态的管理成本和运行费用。⑤对生态修复进行生态规划与风险评价，建立生态修复优化模型和实施方案，确定优先修复领域，制定合理的投资结构和投资方案。⑥进行实地修复试验，获取生态经济效果好、可操作性强的生态修复模式。⑦对成功的修复模式进行示范与推广，并加强动态监测与评价，完善生态修复模式，进一步筹措资金，实施更大范围的生态修复工程。

土壤污染修复

土壤污染修复是指转移、吸收、降解和转化土壤中的污染物，使污染物浓度降低到可接受水平，或将有毒有害的污染物转化为无害的物质的过程。中国土壤污染修复技术研究起步较晚，加之区域发展不均衡性，土壤类型多样性，污染场地特征变异性，污染类型复杂性，技术需求多样性等因素，主要以植物修复为主，已针对不同土壤污染类型建立了治理示范基地和示范区，在修复植物资源化利用和植物修复技术方面取得了系列成果。其中，物理 / 化学修复技术主要包括固化－稳定化、淋洗、化学氧化－还原、土壤电动力学修复技术，联合修复技术主要包括微生物 / 动物－植物联合修复技术、化学 / 物化－生物联合修复技术和物理－化学联合修复技术。

◆ 修复技术

实际应用的土壤修复技术主要包括：①热力学修复技术。利用热传导、热毯、热井或热墙等，或热辐射、无线电波加热等实现对污染土壤的修复。②热解吸修复技术。以加热方式将受有机物污染的土壤加热至有机物沸点以上，使吸附土壤中的有机物挥发成气态后再分离处理。③焚烧法。焚烧污染土壤，使高分子量的有害物质挥发性和半挥发性分解成低分子的烟气，经过除尘、冷却和净化处理，使烟气达到排放标准。④土地填埋法。将污泥施入土壤，通过施肥、灌溉、添加石灰等方式调节土壤的养分、水分和 pH 条件，保持污染物在土壤上层的好氧降解。检测土壤 pH、湿度、EC 值，查看土壤改良效果。⑤化学淋洗。利用能促进土壤污染物溶解或迁移的化学 / 生物化学溶剂，在重力作用下或通过水头压力推动淋洗液注入被污染土层，将含有污染物的溶液从土壤中抽提出来，进行分离和处理。⑥堆肥法。将污染土壤与有机物（稻草、麦秸、碎木片和树皮、粪便等）混合堆肥，依靠微生物作用来降解土壤中难降解的有机污染物。⑦植物修复。运用施肥耕作措施改良土壤肥力，并通过种植优选的植物及其根际微生物，直接或间接吸收、挥发、分离、降解污染物，修复植被和环境。⑧渗透反应墙。在浅层土壤与地下水中，构筑一个具有渗透性、含有反应材料的墙体，过滤净化污染水体中的污染物。⑨生物修复。利用动物和微生物催化降解土壤有机污染物。其中微生物包括对污染物具有代谢作用的土著菌、外来菌、基因工程菌，同时通过改变土壤种环境条件（如养分、氧化还原电势、pH、共代谢基质）强化微生物降解作用。

◆ **发展**

土壤重金属污染修复工作的发展趋势是：①在决策导向上，从基于污染物总量控制转变到基于污染风险评估。②在技术上，从单一的修复技术发展到多技术联合的原位修复技术、综合集成的工程修复技术。③在设备上，从固定式设备的异位修复发展到移动式设备的原位修复。④在应用上，发展到多种污染物复合或混合污染土壤的组合式修复技术；从单一厂址场地走向特大场地；从单项修复技术发展到大气、水体同步监测的多技术多设备协同的场地土壤—地下水一体化修复。

土壤污染修复技术的发展方向是：①绿色、环境友好的生物修复技术。②从单一的修复技术趋向联合/杂交的综合修复技术。③从异位向原位修复技术。④基于环境功能修复材料的修复技术。⑤基于设备化的快速场地修复技术。⑥土壤修复决策支持系统及修复后评估技术。

水土流失综合治理

水土流失综合治理是在小流域单元内，根据自然和社会经济条件的特点，合理利用水土资源，布设各项水土保持设施，发展多种经营，实施全面规划和治理，以控制水土流失，发展农林牧生产，改善生态环境，提高经济效益的措施。

◆ **基本原则**

水土流失综合治理的基本原则有：①治理与开发相结合，生态效益、经济效益与社会效益相结合。②全面认识小流域生态经济系统的整体性和差异性，全面规划，综合防治，但也要因地制宜，突出重点，加强管理，注重效益。③治理措施、生产建设和生活文明建设统筹兼顾，相互促进，尊重自然规律，确立人与自然和谐共处的发展方针。④实施程序一般是先治理侵蚀严重部位，并将整个流域作为一个整体生态经济系统进行综合治理，因地制宜配置水土保持林草措施、工程措施和农业耕作措施。同时，实施小流域综合治理时，需要依据当地自然条件、经济社会发展水平和居民可接受程度精确施策，实现小流域综合治理与居民增收的有机结合。

◆ **措施**

鉴于小流域内地形的复杂性，在治理中必须采取综合措施，贯彻建设基本农田（各种类型梯田、坝地、水地）与改土培肥相结合，以土地利用规划为基础，在各个地块上配置水土保持林草措施、工程措施及农业技术措施，形成综合治理体系。在小流域水土保持规划中根据小流域所处的地理区位和当地社会经济发展水平的差异，确定不同小流域的主导功能，兼顾生态、经济和社会效益，然后进行小流域的综合治理规划和水土保持措施空间配置。小流域综合治理应在流域内调整农林牧土地利用结构，增加道路和排水设施的合理配置，实行山、水、林、田、路综合治理。在邻近城镇或工矿区的小流域，重点发展瓜果、蔬菜、经济作物、畜牧业及相应的加工业等。在分布有煤炭矿产资源的小流域，合理规划开发利用，防止产生新的水土流失。小流域综合治理除要包含以防治水土流失、改善生态环境和增加经济收益等为主的各项措施外，还需要增加必要的蓄水设施、生活及生产污水收集与处理措施、生活及生产固体废弃物的收集运输和处置措施等。这方面中国以生态清洁小流域建设为重点并在全国范围内取得了长足进步。生态小流域建设解决了农业面源污染防控难题，提高了山区防灾减灾能力，推动农村产业发展和人居环境改善，为农村经济社会的可持续发展提供了解决途径，提升生态环境质量，推动区域社会经济全面发展。因此，小流域治理模式在基本贯彻综合治理的基础上，突出重点，根据自然条件和社会经济情况的动态变化调整以适应时代发展要求。

◆ **规划与实施**

①查明小流域的自然和社会经济情况，编制数据集和基础图件，包括土地利用、地形、土壤侵蚀、水土保持现状、社会经济发展现状等，建立数据库。②在县级或大流域水土保持规划基础上，编制小流域综合治理规划和年度进展计划。③确定年度治理目标，措施布设位置；编制投资、投工计划；准备施工材料。④组织人员培训，治理形式可以农户、村、乡、农民专业合作社等各级承包；也可以组织跨流域的专业队承包；采取集中治理、连片治理，提高小流域综合治理效益。⑤治理措施实施规范化。为保证各项措施的实效，保证治理进展，应严格按照规范进行，保证质量。

本书编著者名单

编著者 （按姓氏笔画排列）

丁瑞兴　　王吉智　　王兴祥　　王秋兵

王遵亲　　卢　瑛　　孙　波　　孙福军

李德成　　杨　帆　　宋木兰　　宋炳奎

张凤荣　　张甘霖　　张俊民　　张养贞

陈志诚　　陈隆亨　　周　卫　　郑聚锋

俞仁培　　袁大刚　　顾国安　　徐　琪

高以信　　唐耀先　　黄鸿翔　　章明奎

蒋毓蘅　　曾昭顺　　潘根兴